职业教育智能制造领域高素质技术技能人才培养系列教材

工业机器人技术及应用

主　编　郝建豹　黄健安

副主编　陈卫丽　叶金梦

参　编　曾素勤　刘振超

机械工业出版社

本书采用"项目导向，任务驱动"的模式编写，主要内容包括工业机器人认知、工业机器人的机械系统、工业机器人控制系统与传感器、工业机器人的手动操作、工业机器人的示教编程、工业机器人的离线编程、工业机器人和外围设备的通信及工业机器人的应用，共8个项目。项目内容由简单到复杂，通过详细的图解实例对工业机器人本体、ABB工业机器人操作、编程与应用等进行讲述，符合高职学生的认知规律。

本书引入企业中工业机器人应用案例，融入强大的机器人编程仿真平台RobotStudio，并配有资源包，在工业机器人实训资源不足的条件下，可以利用仿真教学训练，使学生掌握工业机器人的多方面应用。

本书可作为高等职业院校工业机器人技术、机电一体化技术等专业的教材，也可作为中职、成人高校等相关专业的教材或供相关专业人士自学、参考。

为方便教学，本书植入二维码微课，配有免费电子课件、资源包、思考与习题参考答案、模拟试卷及答案等，凡选用本书作为授课教材的教师，可登录机械工业出版社教育服务网（www.cmpedu.com），注册后免费下载电子资源，咨询电话：010-88379564。

图书在版编目（CIP）数据

工业机器人技术及应用 / 郝建豹，黄健安主编 . —北京：机械工业出版社，2023.11

职业教育智能制造领域高素质技术技能人才培养系列教材

ISBN 978-7-111-73885-5

Ⅰ . ①工… Ⅱ . ①郝… ②黄… Ⅲ . ①工业机器人 – 高等职业教育 – 教材 Ⅳ . ① TP242.2

中国国家版本馆 CIP 数据核字（2023）第 175849 号

机械工业出版社（北京市百万庄大街22号　邮政编码100037）
策划编辑：冯睿娟　　　　　　　　　责任编辑：冯睿娟
责任校对：韩佳欣　李　杉　闫　焱　封面设计：王　旭
责任印制：常天培

北京机工印刷厂有限公司印刷

2023 年 12 月第 1 版第 1 次印刷

184mm×260mm・14 印张・346 千字

标准书号：ISBN 978-7-111-73885-5

定价：47.00 元

电话服务　　　　　　　　网络服务
客服电话：010-88361066　机　工　官　网：www.cmpbook.com
　　　　　010-88379833　机　工　官　博：weibo.com/cmp1952
　　　　　010-68326294　金　书　网：www.golden-book.com
封底无防伪标均为盗版　机工教育服务网：www.cmpedu.com

前　言

《国家职业教育改革实施方案》提出了"三教"（教师、教材、教法）改革的任务。"三教"改革中，教师是根本，教材是基础，教法是途径，它们形成了一个闭环的整体，解决教学系统中"谁来教、教什么、如何教"的问题，其落脚点是培养适应行业企业需求的复合型、创新型高素质技术技能人才，目的是提升学生的综合职业能力，这也是"双高计划"建设中"打造技术技能人才培养高地"的首要任务。为了响应国家的"三教"改革，曾在工业机器人领域工作和教学多年的编者们，结合行业需求和高职学生的知识结构编写了本书。

本书具有以下特点：

1）本书引入企业中工业机器人应用案例，并融入强大的机器人编程仿真平台（ABB公司的 RobotStudio）。采用 RobotStudio 虚拟仿真技术，便于仿真教学，在保障学生人身安全的同时也避免因误操作而损坏设备，而且学生能够在实际操作之前，对工业机器人及其他设备的结构、操作、编程、轨迹规划等建立直观印象，明确操作规程和操作方法等。另外，在工业机器人实训资源不足的情况下，也可以利用仿真教学训练，使学生掌握工业机器人的多方面应用。

2）本书在编写中，注重理论与实际的结合，并充分考虑到高职学生的特点，在理论完整的前提下，内容力求深入浅出，注重学生能力的培养，帮助学生树立工程意识。本书编写团队具有丰富的实际工作经验，他们根据高技能人才培养要求，与广州因明智能科技有限公司等企业一起进行教学改革，改革教学理念、教学内容、教学方法和教学手段，注重培养学生职业能力和职业素养。

3）本书将智能制造思想与工业机器人技术深度融合，强化大国工匠精神教育。在技能提升的同时，将社会主义核心价值观、科学家精神、优良学风、创新理念贯穿始终，并设置考核评价环节。每个项目设置"项目拓展"环节，系统化介绍工业机器人技术的延伸与发展。通过中国智慧、中国方案、中国力量，让学生树立"科技兴国、科技强国、科技报国"的使命感。

　　本书由郝建豹、黄健安担任主编，陈卫丽、叶金梦任副主编，曾素勤、刘振超参与编写工作。编写分工如下：郝建豹编写项目 1 和项目 2，黄健安编写项目 3、项目 4 和项目 5 的部分内容，陈卫丽编写项目 5 的部分内容和项目 7，叶金梦编写项目 8，曾素勤编写项目 6，刘振超编写项目实训部分。

　　在本书编写过程中，我们参考了大量相关文献和著作，在此向有关作者致以诚挚的谢意。

　　期待专家与读者对书中的不足之处提出宝贵的意见，以便进一步修改和完善。

编　者

目 录

前言

项目1 工业机器人认知 ················ 1

  项目目标 ···························· 1

  项目分析 ···························· 1

  项目知识 ···························· 1

    1.1 工业机器人的定义 ··········· 1

    1.2 工业机器人的组成 ··········· 3

    1.3 工业机器人的技术参数 ······· 5

    1.4 工业机器人的分类 ··········· 8

    1.5 工业机器人的特点 ·········· 12

    1.6 工业机器人的应用 ·········· 13

  项目拓展 ··························· 16

  项目实训 ··························· 19

  项目总结 ··························· 21

  思考与习题 ························· 21

项目2 工业机器人的机械系统 ······· 23

  项目目标 ··························· 23

  项目分析 ··························· 23

  项目知识 ··························· 23

    2.1 工业机器人本体机械结构 ··· 23

    2.2 工业机器人驱动方式 ······· 35

    2.3 工业机器人传动装置 ······· 40

  项目拓展 ··························· 43

  项目实训 ··························· 46

  项目总结 ··························· 48

  思考与习题 ························· 48

项目3 工业机器人控制系统与
      传感器 ···················· 50

  项目目标 ··························· 50

  项目分析 ··························· 50

  项目知识 ··························· 50

    3.1 工业机器人控制系统基础知识 ······· 50

    3.2 工业机器人传感器基础知识 ··· 55

  项目拓展 ··························· 66

  项目实训 ··························· 67

  项目总结 ··························· 68

  思考与习题 ························· 69

项目4 工业机器人的手动操作 ········ 70

  项目目标 ··························· 70

  项目分析 ··························· 70

  项目知识 ··························· 71

    4.1 构建工业机器人最小仿真系统 ··· 71

    4.2 手动操作工业机器人 ······· 76

    4.3 利用示教器手动操作机器人 ··· 80

  项目拓展 ··························· 85

  项目实训 ··························· 96

  项目总结 ··························· 98

  思考与习题 ························· 98

项目5 工业机器人的示教编程 ········ 100

  项目目标 ·························· 100

项目分析 ………………………… 100
项目知识 ………………………… 100
   5.1 机器人指令 ………………… 101
   5.2 程序模块和例行程序 ………… 108
   5.3 示教编程案例 ……………… 109
项目拓展 ………………………… 115
项目实训 ………………………… 116
项目总结 ………………………… 118
思考与习题 ……………………… 118

项目 6 工业机器人的离线编程 ……… 120
项目目标 ………………………… 120
项目分析 ………………………… 120
项目知识 ………………………… 121
   6.1 离线编程系统的组成 ………… 121
   6.2 离线编程创建运动轨迹 ……… 123
项目拓展 ………………………… 149
项目实训 ………………………… 153
项目总结 ………………………… 154
思考与习题 ……………………… 154

项目 7 工业机器人和外围设备的
      通信 ……………………… 156
项目目标 ………………………… 156
项目分析 ………………………… 156

项目知识 ………………………… 157
   7.1 机器人 I/O 控制指令 ………… 157
   7.2 标准 I/O 板的配置 …………… 159
   7.3 标准 I/O 板的离线配置 ……… 167
   7.4 系统信号的关联 ……………… 172
   7.5 通信配置的应用案例 ………… 173
项目拓展 ………………………… 176
项目实训 ………………………… 177
项目总结 ………………………… 179
思考与习题 ……………………… 179

项目 8 工业机器人的应用 …………… 181
项目目标 ………………………… 181
项目分析 ………………………… 181
项目知识 ………………………… 181
   8.1 工业机器人工程应用常用指令 …… 181
   8.2 工业机器人搬运应用 ………… 188
   8.3 工业机器人码垛应用 ………… 193
项目拓展 ………………………… 201
项目实训 ………………………… 214
项目总结 ………………………… 216
思考与习题 ……………………… 216

参考文献 ……………………………… 218

项目 1

工业机器人认知

➤ 知识目标：掌握工业机器人的基本概念、参数和理论。

➤ 能力目标：能看懂工业机器人的说明书，具有对实际生活及工业生产中工业机器人系统的基本分析能力；会根据工作需要进行工业机器人选型。

➤ 素养目标：通过学习工业机器人的发展历史，培养信息查询、资料收集整理的能力；通过分析工业机器人的参数，使学生具有良好的学习能力和可持续发展的能力；通过了解工业机器人的国内外厂家，培养学生的责任担当精神，加深国际理解，增强国家认同。

工业机器人技术是近年来新技术发展的重要领域之一，是以微电子技术为主导的多种新兴技术与机械技术交叉、融合而成的一种综合性高新技术。工业机器人是典型的机电一体化装备，应用范围很广，作为先进制造业的支撑技术和信息化社会的新兴产业，将对未来生产和社会发展起着越来越重要的作用。国外专家预测，机器人产业是继汽车、计算机之后出现的一种新的大型高科技产业。因此工业机器人技术也成为广大工程技术人员迫切需要掌握的知识。

1.1　工业机器人的定义

1920 年捷克剧作家卡雷尔·恰佩克在其剧本《罗素姆的万能机器人》中最早使用机器人一词，剧中的 "Robot" 为一个具有人的外表、特征和功能的机器，是一种人造的劳力。它是最早的工业机器人（Industrial Robot）设想。

20 世纪 40 年代中后期，机器人的研究与发明得到了更多人的关心与关注。50 年代以后，美国橡树岭国家实验室开始研究能搬运核原料的遥控操纵机械手，它是一种主从型控制系统。系统中加入力反馈，可使操作者获知施加力的大小，主、从机械手之间由防护墙隔开，操作者可通过观察窗或闭路电视对从机械手操作机进行有效的监视，主、从机械手系统的出现为近代机器人的设计与制造做了铺垫。

1954 年美国人乔治·德沃尔最早提出了工业机器人的概念，并申请了专利。该专利的要点是借助伺服技术控制机器人的关节，利用人手对机器人进行动作示教，机器人能实现动作的记录和再现，这就是所谓的示教再现机器人。1959 年，约瑟夫·英格尔伯格和乔治·德沃尔设计出了世界上第一台真正实用的工业机器人，名叫"Unimate"，如图 1-1 和图 1-2 所示。1961 年，两人筹办了世界上第一家专门生产机器人的工厂——Unimate 公司。约瑟夫·英格尔伯格也被人们誉为"工业机器人之父"。

图 1-1 "Unimate" 机器人

图 1-2 工作中的 "Unimate"

随着机器人技术的飞速发展和信息时代的到来，机器人所涵盖的内容越来越丰富，机器人的定义也不断充实和创新。美国机器人协会（RIA）提出的定义为："工业机器人是一种用于移动各种材料、零件、工具或专用装置的，通过可编程序动作来执行种种任务的，并具有编程能力的多功能机械手（manipulator）"。日本工业机器人协会（JIRA）提出的定义为："工业机器人是一种装备有记忆装置和末端执行器（end effector）的，能够转动并通过自动完成各种移动来代替人类劳动的通用机器"。国际标准化组织（ISO）提出的定义："工业机器人是一种自动的、位置可控的、具有编程能力的多功能机械手，这种机械手具有几个轴，能够借助于可编程序操作来处理各种材料、零件、工具和专用装置，以执行种种任务"。

国家标准 GB/T 12643—2013 将工业机器人定义为：自动控制的、可重复编程、多用途的操作机可对三个或三个以上轴进行编程。它可以是固定式或移动式。在工业自动化中使用。

总之，工业机器人是面向工业领域的多关节机械手或多自由度的机器人。工业机器人是自动执行工作的机器装置，是靠自身动力和控制能力来实现各种功能的一种机器。它可以接受人类指挥，也可以按照预先编排的程序运行，现代的工业机器人还可以根据人工智能技术制定的原则纲领行动。

1.2 工业机器人的组成

工业机器人技术是综合了当代机构运动学与动力学、精密机械设计发展起来的产物,是典型的机电一体化产品。从工业机器人体系结构来看,工业机器人由三大部分和六个子系统组成。三大部分是机械本体部分、传感部分和控制部分。六个子系统是机械结构系统、驱动系统、传感系统、人机交互系统、控制系统以及机器人–环境交互系统。图1-3所示为工业机器人系统组成及相互关系。

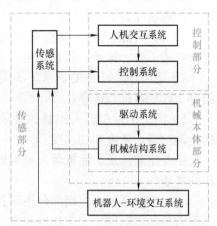

图 1-3 工业机器人系统组成及相互关系

三大部分和六个子系统的作用分述如下:

1. 工业机器人三大部分

(1)机械本体部分 工业机器人的机械本体部分是工业机器人的重要部分,其功能为实现各种动作。其他组成部分必须与机械本体部分相匹配,相辅相成,组成一个完整的机器人系统。工业机器人对机械本体部分有如下要求:

1)最小运动惯量。由于工业机器人主体运动部件多,运动状态经常改变,必然产生冲击和振动,采用最小运动惯量原则,可增加工业机器人的运动平稳性,提高其动力学特性。

2)尺度规划。当设计要求满足一定工作空间要求时,通过尺度优化以选定最小的臂杆尺寸,这将有利于工业机器人本体刚度的提高,使运动惯量进一步降低。

3)材料的选用。由于工业机器人从手腕、小臂、大臂到机座是依次作为负载起作用的,要选用高强度材料,以减轻零部件的重量。

4)刚度的设计。工业机器人设计中,刚度是比强度更重要的参数,要使刚度最大,必须恰当地选择杆件剖面形状和尺寸,提高支承刚度和接触刚度,合理地安排作用在臂杆上的力和力矩,尽量减少杆件的弯曲变形。

5)可靠性。工业机器人因机构复杂、环节较多,可靠性问题显得尤为重要。

6)工艺性。工业机器人是一种高精度、高集成度的自动机械系统,良好的加工和装配工艺性是设计时要体现的重要原则之一。仅有合理的结构设计而无良好的工艺性,必然导致工业机器人性能的降低和成本的提高。

(2)传感部分 传感部分用于感知内部和外部的信息。要使机器人像人一样有效地完成工作,对外界状况进行判别的感知功能是必不可少的。没有感知功能的机器人,只能按预先给定的顺序,重复地进行一定的动作。假如有感知功能,机器人就能够根据处理对象的变化而变更动作。传感器是机器人完成感知功能的必要手段,通过传感器的感觉作用,将机器人自身的相关特性或物体的相关特性转换为机器人执行某项功能时所需要的信息。现阶段的机器人都装有许多不同的传感器,用于为机器人提供输入信息。机器人传感器的选择,完全取决于机器人的工作需要和应用特点,对机器人传感部分的感知要求是选择机器人传感器的基本依据。根据工业机器人加工的任务要求及所处的特定环境,工业机器人对传感部分的要求如下:

1)精度高、重复性好。工业机器人是否能够准确无误地正常工作,往往取决于其所用传感器的测量精度。

2）稳定性和可靠性好。保证工业机器人能够长期稳定可靠地工作，尽可能避免在工作中出现故障。

3）抗干扰能力强。工业机器人的工作环境往往比较恶劣，其所用传感器应能承受一定的电磁干扰、振动，能在高温、高压、高污染环境中正常工作。

4）适应加工任务的要求。不同的加工任务对工业机器人的感觉要求是不同的，可根据其工作特点进行选择。

5）满足工业机器人控制的要求。工业机器人的控制需要采用传感器检测工业机器人的运动位置、速度和加速度。

还要注意满足工业机器人自身安全和工业机器人使用者的安全性要求以及其他辅助工作的要求。

（3）控制部分　控制部分用于控制机器人完成各种动作，工业机器人的控制主要包括机器人的动作顺序、应实现的路径与位置、动作时间间隔以及作用于对象上的作用力等。

工业机器人控制系统一般是以机器人的单轴或多轴协调运动为目的的控制系统。其控制结构要比一般自动机械的控制复杂得多，与一般的伺服系统或过程控制系统相比，工业机器人对控制部分的要求如下：

1）工业机器人的控制部分要着重本体与操作对象的相互关系。

2）工业机器人的控制与机构运动学及动力学密切相关。

3）多个独立的伺服系统必须有机地协调起来，组成一个多变量的控制系统。

4）工业机器人还有一种特有的控制方式——示教再现控制方式。

总而言之，工业机器人控制部分是一个与运动学和动力学原理密切相关的、有耦合的、非线性的多变量控制系统。随着实际工作情况的不同，可以采用各种不同的控制方式，从简单的编程控制、微处理机控制到小型计算机控制等。

2. 工业机器人六个子系统

（1）机械结构系统　机械结构系统是机器人的主体部分，由机座、手臂、末端执行器三部分组成。每一部分都有若干自由度，构成一个多自由度的机械系统。机座如同机床的床身一样，机器人机座构成机器人的基础支撑。有的机座底部安装有机器人行走机构；有的机座可以绕轴线回转，构成机器人的腰。如果机座不具备行走及腰转机构，则构成单机器人臂。手臂一般由大臂、小臂和手腕组成，完成各种动作。末端执行器连接在机械手的最后一个关节上，可以是拟人的手掌和手指，也可以是各种作业工具，如焊枪、喷漆枪等。

机器人的机械结构部分可以看作是由一些连杆通过关节组装起来的。由关节完成机座、手臂、末端执行器之间的相对运动。通常有两种关节，即转动关节和移动关节。转动关节主要为电机驱动，主要由步进电动机或伺服电动机驱动。移动关节主要由气缸、液压缸或者线性电驱动器驱动。

（2）驱动系统　要使机器人运行起来，需要给各个关节即每个运动自由度安装传动装置，这就是驱动系统，相当于机械手的"肌肉"。驱动系统可以是液压传动、气压传动、电动传动，或者把它们结合起来的综合系统。常见的驱动器有伺服电动机、步进电动机、气缸、液压缸等。可以直接驱动关节，也可以通过同步带、链条、轮系、谐波齿轮等传动机构进行间接驱动。

（3）传感系统　传感系统由内部传感器模块和外部传感器模块组成。内部传感器模块负责收集机器人内部信息，如各个关节和连杆的信息，如同人体肌腱内的中枢神经系统。外部传感器负责获取外部环境信息，包括视觉传感器和触觉传感器等。

（4）人机交互系统　人机交互系统是使操作人员参与机器人控制，与机器人进行联系的装置。如，计算机的标准终端、指令控制台、示教盒、信息显示屏和报警器等。归结起来人机交互系统分为两大类：指令给定装置和信息显示装置。

（5）控制系统　机器人控制系统是机器人的大脑，是决定机器人功能和性能的主要因素。控制系统的任务是根据机器人的作业指令程序以及从传感器反馈回来的信号支配机器人执行机构去完成规定的运动和功能。根据有无反馈可分为开环控制系统和闭环控制系统等；根据控制原理可分为顺序控制系统、自适应控制系统和智能控制系统；根据控制运动的形式可分为点位控制和轨迹控制。

（6）机器人－环境交互系统　机器人－环境交互系统是实现工业机器人与外部环境中的设备相互联系和协调的系统。工业机器人可与外部设备集成为一个功能单元，如加工制造单元、焊接单元、装配单元等。当然，也可以是多台机器人、多台机床或设备、多个零件存储装置等集成为一个去执行复杂任务的功能单元。

1.3　工业机器人的技术参数

1. ABB 工业机器人技术参数

工业机器人的技术参数是各工业机器人制造商在产品供货时所提供的技术数据，也是工业机器人性能的主要体现。下面以 ABB 公司的 IRB120 和 IRB1410 为例进行介绍（具体的参数规格以 ABB 官方最新的公布为准）。

（1）IRB120　IRB120 是 ABB 公司 2009 年 9 月推出的一款今时最小的紧凑、敏捷、轻量的六轴多用途工业机器人，仅重 25kg，荷重 3kg（垂直腕为 4kg），工作范围达 580mm，如图 1-4 所示。在尺寸大幅缩小的情况下，IRB 120 继承了该系列机器人的所有功能和技术，为缩减机器人工作站占地面积创造了良好条件。紧凑的机型结合轻量化的设计，成就了 IRB 120 卓越的经济性与可靠性，具有低投资、高产出的优势。IRB 120 的最大工作行程为 411mm，底座下方拾取距离为 112mm，广泛适用于电子、食品饮料、机械、太阳能、制药、医疗、研究等领域。IRB120 工业机器人的技术参数见表 1-1。

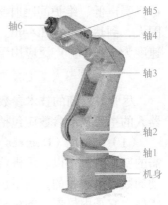

图 1-4　IRB120 工业机器人

表 1-1　IRB120 工业机器人的技术参数

项目	规格
机械结构	立式关节型机器人
自由度数	6
承载能力	3kg
重复定位精度	0.01mm

（续）

项目			规格
本体质量			25kg
安装方式			任意角度
电源容量			1.5kV·A
底座尺寸			180mm×180mm
高度			700mm
工作范围	腰部转动	轴1	330°（-165°～165°）
	肩部转动	轴2	220°（-110°～110°）
	肘部转动	轴3	160°（-90°～70°）
	手腕偏转	轴4	320°（-160°～160°）
	手腕俯仰	轴5	240°（-120°～120°）
	手腕翻转	轴6	800°（-400°～400°）
最大速度	腰部转动	轴1	4.36rad/s（250°/s）
	肩部转动	轴2	4.36rad/s（250°/s）
	肘部转动	轴3	4.36rad/s（250°/s）
	手腕偏转	轴4	5.58rad/s（320°/s）
	手腕俯仰	轴5	5.58rad/s（320°/s）
	手腕翻转	轴6	7.33rad/s（420°/s）

（2）IRB1410　IRB1410为立式关节型6自由度机器人，以其坚固、可靠的结构而著称，噪声低、维护间隔时间长、使用寿命长。IRB1410重复定位精度达0.05mm，工作范围大，到达距离为1.44m。承重能力为5kg，上臂可承受18kg的附加载荷，其TCP最大速度为2.1m/s。广泛应用于弧焊、装配、上下料等。

2. 工业机器人主要技术参数

尽管各厂商的技术参数不完全一致，工业机器人的结构、用途等有所不同，但工业机器人的主要技术参数应包括自由度、精度、工作空间、运动速度和承载能力等。

（1）自由度（Degrees of Freedom）　机器人的自由度是指机器人操作机在空间运动所需的变量数，用以表示机器人动作灵活程度，一般是以沿轴线移动和绕轴线转动的独立运动的数目来表示的，但不包括末端执行器的开合自由度。自由度是机器人的一个重要技术指标，它是由机器人的结构决定的，并直接影响机器人是否能完成与目标作业相适应的动作。工业机器人的每一个自由度，都要相应地配对一个原动件（如伺服电动机、液压缸、气缸、步进电动机等驱动器），当原动件按一定的规律运动时，机器人各运动部件就随之做确定的运动，自由度数与原动件数必须相等，只有这样才能使工业机器人具有确定的运动。工业机器人自由度越多，其动作越灵活，适应性越强，但结构相应越复杂。一般来说工业机器人具有4~6个自由度即可满足使用要求（其中手臂2~3个自由度，手腕2~3个自由度）。

从运动学的观点看，在完成某一特定作业时具有多余自由度的机器人，就称为冗余自由度机器人。如，PUMA 562机器人去执行印制电路板上接插电子元器件的作业时就成为冗余自由度机器人。冗余自由度可以增加机器人的灵活性、躲避障碍物能力和改善动力性能，但也使控制变得更加复杂。人的手臂（大臂、小臂、手腕）共有 7 个自由度，所以工作起来很灵巧，手可回避障碍，从不同方向到达同一个目的点。

工业机器人在运动方式上可以分为直线运动（简记为 P）和旋转运动（简记为 R）两种，应用简记符号 P 和 R 可以表示工业机器人运动自由度的特点，如 RPRR 表示工业机器人具有 4 个自由度，从机座开始到臂端，关节运动的方式依次为旋转 – 直线 – 旋转 – 旋转。此外，工业机器人的运动自由度还受运动范围的限制。

（2）精度（Accuracy）　工业机器人精度是衡量机器人工作质量的一项重要指标。工业机器人精度是指定位精度（也称绝对精度）和重复定位精度。其中，定位精度是指机器人末端执行器实际到达的位置和设计的理想位置之间的差异；而重复定位精度是指机器人重复到达某一目标位置的差异程度。图 1-5 所示为工业机器人的精度与重复定位精度，圆心为设计的理想位置，离散的点表示末端执行器实际到达的位置，图 1-5a 中表示机器人具有合理的定位精度和良好的重复定位精度；图 1-5b 中表示机器人具有良好的定位精度和较差的重复定位精度；图 1-5c 中表示机器人具有很差的定位精度和良好的重复定位精度。

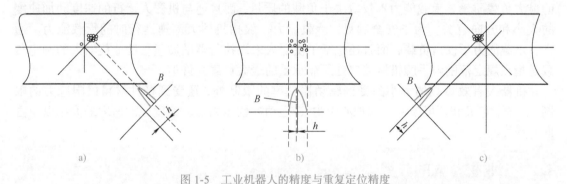

图 1-5　工业机器人的精度与重复定位精度

B—末端执行器实际到达的位置和设计的理想位置之间的距离
h—各末端执行器实际到达的位置和设计的理想位置之间的距离差值之和

工业机器人具有绝对精度低、重复定位精度高的特点，大多数机器人的重复定位精度的范围在 0.1mm 以内。工业机器人精度的高低取决于位置控制方式以及工业机器人的运动部件本身的精度和刚度，与握取重量、运行速度等也有密切关系。一般的专用工业机器人采用固定挡块控制，可达到较高的定位精度；采用行程开关、电位计等电控元件进行控制，位置精度相对较低；工业机器人的伺服系统是一种位置跟踪系统，即使在高速重载情况下，也可防止机器人发生剧烈的冲击和振动，因此可以获得较高的定位精度。

（3）工作空间（Working Space）　机器人的工作空间是指机器人末端上参考点所能达到的所有空间区域。由于末端执行器的形状尺寸是多种多样的，为真实反映机器人的特征参数，理解机器人的工作空间时，要注意：通常工业机器人说明书中表示的工作空间指的是手腕上机械接口坐标系的原点在空间能达到的范围，即手腕端部法兰的中心点在空间所能到达的范围，而不是末端执行器端点所能到达的范围。因此，在设计和选用时，要注意安装末端执行器后，机器人实际所能达到的工作空间。工作空间的形状和大小是十分重要的，机器人在执行某作业时可能会因存在末端执行器不能到达的作业死区（dead zone）而不能完成任务。

（4）运动速度（Speed） 运动速度是反映机器人性能的又一项重要指标，它反映了机器人的作业水平。运动速度的快慢与它的驱动方式、定位方式、抓取质量大小和行程距离有关。作业机器人末端执行器的运动速度应根据生产节拍、生产过程的平稳性和定位精度等要求来决定，同时也直接影响着机器人的运动周期。

机器人运动部件的每个自由度，其运行全过程一般包括起动加速、等速运行和减速制动等阶段，其速度 – 时间特性曲线可以简化。

一般所说的运动速度是指机器人在运动过程中最大的运动速度。为了缩短机器人整个运动的周期，提高生产效率，通常总是希望起动加速和减速制动阶段的时间尽可能地缩短，而运行速度尽可能地提高，既提高全运动过程的平均速度。但由此却会使加、减速度的数值相应地增大，在这种情况下，惯性力增大，工件易松脱；同时由于受到较大的动载荷，会影响机器人工作平稳性和位置精度。这就是在不同运行速度下，机器人能提取工件的重量不同的原因。

目前，工业机器人的最大直线运行速度大部分为 1000mm/s 左右，最大回转速度为120°/s 左右。

（5）承载能力（Payload） 承载能力是指机器人在工作范围内的任何位姿上所能承受的最大负载质量。承载能力不仅取决于负载的质量，而且还与机器人运行的速度和加速度的大小和方向有关。为了安全起见，承载能力一般指机器人高速运行时的承载能力。通常，承载能力不仅指负载，而且还包括了机器人末端执行器的质量。工业机器人的额定负载是指在规定范围内手腕机械接口处所能承受的最大负载允许值。

机器人有效负载的大小除受到驱动器功率的限制外，还受到杆件材料极限应力的限制，因而，它又和环境条件（如地心引力）、运动参数（如运动速度、加速度的大小以及方向）有关。

1.4 工业机器人的分类

为更好地了解工业机器人系统的特点，下面介绍一下工业机器人系统的分类。工业机器人分类方法很多，这里主要介绍其中比较重要的几种。

1. 按照应用类型分类

机器人按应用类型可分为工业机器人、极限作业机器人和娱乐机器人。

（1）工业机器人 工业机器人有搬运、焊接、装配、喷漆、检查等机器人，主要用于现代化的工厂和柔性加工系统中。

（2）极限作业机器人 极限作业机器人主要是指在人们难以进入的核电站、海底、宇宙空间进行作业的机器人，也包括建筑机器人和农业机器人等。

（3）娱乐机器人 娱乐机器人包括弹奏乐器的机器人、舞蹈机器人、玩具机器人等（具有某种程度的通用性），也有根据环境改变动作的机器人。

2. 按照控制方式分类

机器人按控制方式可分为操作机器人、程序机器人、示教再现机器人、智能机器人和综合机器人。

（1）操作机器人 操作机器人的典型代表是在核电站处理放射性物质时远距离进行操作的机器人。在这种场合中，人手操纵的部分成为主动机械手，而从动机械手基本上与主动机械手类似，只是从动机械手要比主动机械手大一些，作业时的力量也更大。

（2）程序机器人　计算机上已编好的作业程序文件，通过 RS-232 串口或者以太网等通信方式传送到机器人控制柜，程序机器人按预先给定的程序、条件、位置进行作业。目前大部分机器人都采用这种控制方式工作。

（3）示教再现机器人　示教再现机器人同盒式磁带的录放一样，将所教的操作过程自动记录在存储器中，当需要再现操作时，可重复所教过的过程。示教方法有两种：一种是由操作者用手动控制器（示教操纵盒），将指令信号传给驱动系统，使执行机构按要求的动作顺序和运动轨迹操演一遍；另一种是由操作者直接带动执行机构，按要求的动作顺序和运动轨迹操演一遍。在示教过程的同时，工作程序的信息自动存入程序存储器中，在机器人自动工作时，控制系统从程序存储器中检出相应信息，将指令信号传给驱动机构，使执行机构再现示教的各种动作。示教输入程序的工业机器人称为示教再现工业机器人。

（4）智能机器人　智能机器人不仅可以执行预先设定的动作，还可以按照工作环境的变化改变动作。

（5）综合机器人　综合机器人是由操作机器人、示教再现机器人、智能机器人组合而成的机器人，如火星机器人。

3. 按驱动方式分类

机器人按驱动方式可分为气压式机器人、液压式机器人、电动式机器人和新型驱动方式机器人。

（1）气压式机器人　这类机器人以压缩空气来驱动操作机，其优点是空气来源方便、动作迅速、结构简单、造价低、无污染，缺点是空气具有可压缩性，导致工作速度的稳定性较差，又因气源压力一般只有 6MPa 左右，所以这类机器人抓举力较小，一般只有几十牛，最大百余牛。

（2）液压式机器人　液压压力比气压压力高得多，一般为 70MPa 左右，故液压式机器人具有较大的抓举能力，可达上千牛。这类机器人结构紧凑、传动平稳、动作灵敏，但对密封要求较高，且不宜在高温或低温环境下工作。

（3）电动式机器人　这是目前用得最多的一类机器人，不仅因为电动机品种众多，为机器人设计提供了多种选择，也因为它们可以运用多种灵活控制的方法。早期多采用步进电动机驱动，后来发展了直流伺服驱动单元，目前常用交流伺服驱动单元。这些驱动单元或是直接驱动机器人，或是通过如谐波减速器等装置减速后驱动机器人，结构十分紧凑、简单。

（4）新型驱动方式机器人　伴随着机器人技术的发展，出现了利用新的工作原理制造的新型驱动方式，如静电驱动、压电驱动、形状记忆合金驱动和人工肌肉等。

另外，机器人按执行机构运动的控制机能，又可分点位型机器人和连续轨迹型机器人。点位型机器人的运动为空间点到点之间的直线运动，在作业过程中只控制几个特定工作点的位置。点位型机器人只控制执行机构由一点到另一点的准确定位，不对点与点之间的运动过程进行控制，适用于机床上下料、点焊和一般搬运、装卸等作业；连续轨迹型机器人的运动轨迹可以是空间的任意连续曲线，机器人在空间的整个运动过程都处于控制之下，使得末端执行器位置可沿任意形状的空间曲线运动，而末端执行器的姿态也可以通过腕关节的运动得以控制。连续轨迹型机器人控制执行机构按给定轨迹运动，适用于连续焊接和涂装等作业。

4. 按坐标系分类

机器人按坐标系可分为直角坐标机器人、圆柱坐标机器人、球坐标机器人、关节机器人和并联机器人。

（1）直角坐标机器人 直角坐标机器人（笛卡儿坐标机器人）运动部分由 3 个相互垂直的直线移动关节（即 PPP）组成，具有 3 个独立的自由度，可使末端执行器做 3 个方向的独立位移，其工作空间图形为长方形。图 1-6 所示为直角坐标机器人的示意图。

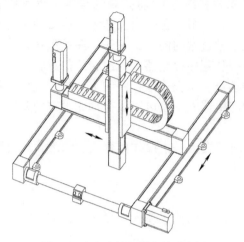

图 1-6　直角坐标机器人的示意图

直角坐标机器人在各个轴向的移动距离可在各个坐标轴上直接读出，直观性强，易于位置和姿态的编程计算，定位精度高，控制相对较简单，结构简单，但机体所占空间体积大，动作范围小，运动的灵活性相对较差，运动速度相对较低，密封性不好，难与其他工业机器人协调工作。直角坐标机器人常用于生产设备的上下料、雕刻、搬运及高精度的装配和检测作业中，占工业机器人总数的 14% 左右。

（2）圆柱坐标机器人 圆柱坐标机器人有两个直线移动关节和一个转动关节（PPR），其主体具有 3 个自由度：腰部转动、升降运动和手臂伸缩运动，其工作空间图形为圆柱。图 1-7 所示为圆柱坐标机器人的示意图。

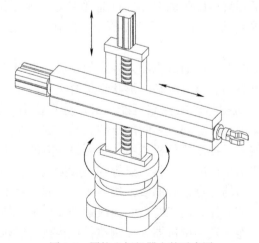

图 1-7　圆柱坐标机器人的示意图

　　圆柱坐标机器人空间尺寸较小，工作范围较大，末端执行器可获得较高的运动速度，其位置精度仅次于直角坐标机器人。缺点是末端执行器离 Z 轴越远，其切向线位移的分辨精度就越低。与直角坐标机器人一样难与其他工业机器人协调工作。圆柱坐标机器人常用于搬运。

　　（3）球坐标机器人　球坐标机器人又称极坐标机器人，其手臂的运动由两个转动和一个直线移动（即 RRP，一个回转、一个俯仰和一个伸缩运动）所组成，其工作空间为球体。图 1-8 所示为球坐标机器人的示意图。

　　球坐标机器人空间尺寸较小，工作范围较大，中心支架附近的工作范围最大，两个转动驱动装置容易密封，覆盖工作空间较大。但坐标复杂，难于控制，且直线驱动装置仍存在密封及工作死区的问题。球坐标机器人不常用。

　　（4）关节机器人　关节机器人又称回转机器人，其手臂类似于人的手臂，前三个关节是回转副（即 RRR），是工业机器人中最常见的结构。关节机器人一般由立柱和大小臂组成，立柱与大臂间形成肩关节，大臂和小臂间形成肘关节，可使大臂做回转运动和俯仰摆动，小臂做仰俯摆动。它的工作空间为旋转体，其截面由转动关节转动行程角所确定的一些弧线构成。图 1-9 所示为关节机器人的示意图。

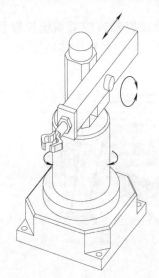
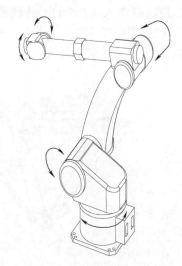

图 1-8　球坐标机器人的示意图　　　　　　图 1-9　关节机器人的示意图

　　关节机器人结构紧凑，灵活性大，占地面积小，能与其他工业机器人协调工作，但位置精度较低，有平衡和控制耦合问题，在喷涂、焊接等作业中应用越来越广泛。

　　1）垂直关节机器人。垂直关节机器人有相当高的自由度，适用于任何轨迹或角度的工作。它具有三维运动的特性，可做到高阶非线性运动，是目前应用最广泛的自动化机械装置，常用于汽车制造、汽车零部件与电子相关产业。图 1-10 所示为垂直关节机器人的示意图。

　　2）平面关节机器人。平面关节机器人采用一个移动关节和两个回转关节（即 PRR），移动关节实现上下运动，两个回转关节则控制前后、左右运动。这种形式的工业机器人又称 SCARA（Seletive Compliance Assembly Robot Arm）机器人。在水平方向具有柔顺性，而在垂直方向则有较大的刚性。其工作空间是截面为矩形的旋转体。图 1-11 所示为平面关节机器人的示意图。

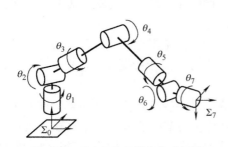 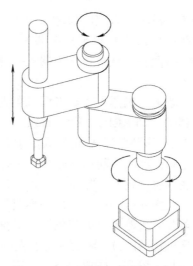

图 1-10　垂直关节机器人的示意图　　　　　图 1-11　平面关节机器人的示意图

该种形式的工业机器人结构简单，动作灵活，多用于装配作业中，特别适合小规格零件的插接装配，如在电子工业的插接、装配中应用广泛。

（5）并联机器人（Delta）　并联机器人一般通过示教编程或视觉系统捕捉目标物体，由 3 个并联的伺服轴确定工具中心（TCP）的空间位置，实现目标物体的运输、加工等操作。图 1-12 所示为并联机器人。

图 1-12　并联机器人

并联机器人是典型的空间 3 自由度并联机构，整体结构精密、紧凑，驱动部分均分布于固定平台。并联机器人具有承载能力强、刚度大、自重负荷比小、动态性能好；并行 3 自由度机械臂结构，重复定位精度高；超高速拾取物品，一秒钟多个节拍等特点。

并联机器人以其独特的并联结构，不仅动态性能好（运动惯量小），而且无累计误差，非常适合生产线上的高速拾放动作，现已被广泛应用于食品、药品、日化、电子等行业的抓取、列整、贴标等工作中。

1.5　工业机器人的特点

工业机器人最显著的特点有以下几个：

（1）可编程　生产自动化的进一步发展是柔性自动化。工业机器人可随其工作环境的需要而再编程，因此它在小批量、多品种、均衡、高效率的柔性制造过程中能发挥很好的作用，是柔性制造系统中的一个重要组成部分。

（2）拟人化　工业机器人在机械结构上有类似人的行走、腰转、大臂、小臂、手腕、手爪等部分，在控制上有控制器。此外，智能化工业机器人还有许多类似人类的"生物传感器"，如皮肤型接触传感器、力传感器、负载传感器、视觉传感器、声觉传感器等。传感器提高了工业机器人对周围环境的自适应能力。

（3）通用性　除专门设计的专用的工业机器人外，一般工业机器人在执行不同的作业任务时具有较好的通用性。如，更换工业机器人末端执行器（手爪、工具等）便可执行不同的作业任务。

（4）专业性　工业机器人技术涉及的学科相当广泛，是机械学和微电子学相结合的机电一体化技术。第三代智能机器人不仅具有获取外部环境信息的各种传感器，而且还具有记忆能力、语言理解能力、图像识别能力、推理判断能力等人工智能，这些都是微电子技术的应用，特别是与计算机技术的应用密切相关。因此，机器人技术的发展必将带动其他技术的发展，机器人技术的发展和应用水平也可以验证一个国家科学技术和工业技术的发展水平。

当今工业机器人技术正逐渐向着具有行走能力、多种感知能力、较强的对作业环境的自适应能力的方向发展。

1.6　工业机器人的应用

工业机器人在工业生产中能代替人做某些单调、频繁和重复的长时间作业，或是危险、恶劣环境下的作业，如，在冲压、压力铸造、热处理、焊接、涂装、塑料制品成形、机械加工和简单装配等工序上，以及在原子能工业等部门中，完成对人体有害物料的搬运或工艺操作等，下面介绍下典型工业机器人的主要应用。

1. 焊接机器人

焊接机器人是工业机器人应用最为广泛的一种类型，主要应用于汽车制造行业。焊接机器人分点焊机器人和弧焊机器人两种，点焊机器人的要求不太高，因其对点与点之间的移动轨迹没有严格要求，只要求起点和终点的位姿准确；弧焊机器人的组成和原理与点焊机器人基本相同，但对焊丝端头的运动轨迹、焊枪姿态、焊接参数都要求精确控制。图 1-13 所示为 FANUC 机器人进行弧焊作业。

图 1-13　FANUC 机器人进行弧焊作业

2. 装配机器人

装配机器人具有较高的位姿精度，手腕具有较大的柔性，主要用于各种电器制造行业。装配机器人主要有可编程通用装配操作手和平面双关节机器人两种类型。装配机器人具有精度高、柔顺性好、工作范围小、能与其他系统配套使用等特点。图 1-14 所示为新松机器人进行装配作业。

图 1-14　新松机器人进行装配作业

3. 搬运机器人

搬运机器人用途很广泛，一般只需要点位控制，用于工厂中一些工序的上下料作业、拆垛和码垛作业等。搬运机器人精度相对低一些，但载重比较大，运动速度比较高。其机器人本体多采用点焊或弧焊机器人结构，也有的采用框架式和直角坐标式结构形式。图 1-15 所示为 KUKA 机器人进行化肥码垛，图 1-16 所示为 KUKA 机器人进行工件搬运。

图 1-15　KUKA 机器人进行化肥码垛　　　　图 1-16　KUKA 机器人进行工件搬运

4. 激光加工机器人

激光加工机器人可以对金属及其他材料进行特殊加工，实现对工件的精密切割、钻孔、焊接以及表面热处理。国外激光加工技术已经比较成熟，而国内较为落后，但其成长空间巨大。图 1-17 所示为新松机器人进行激光加工作业。

5. 移动机器人

移动机器人广泛应用于各行业的柔性搬运、传输等场合，是国际物流技术发展的新趋势之一；可以实现点对点自动存取的高架箱储、作业和搬运相结合，实现精细化、柔性化、信息化，缩短物流流程，降低物料损耗，减少占地面积，降低建设投资等。如，装备有电磁或光学导航的 AGV，能够沿规定的导引路径行驶，具有安全保护和各种移栽功能。图 1-18 所示为新松移动机器人。

图 1-17　新松机器人进行激光加工作业　　　　图 1-18　新松移动机器人

6. 喷涂机器人

喷涂机器人多用于汽车、仪表、电器等工艺生产部门,重复定位精度不高,由于漆雾易燃,驱动装置必须防燃防爆。喷涂机器人多采用 5 或 6 自由度关节式结构,手臂有较大的运动空间,可做复杂的轨迹运动,其手腕一般有 2～3 个自由度,可灵活运动。较先进的喷涂机器人采用柔性手腕,既可向各个方向弯曲,又可转动,其动作类似人的手腕,能方便地通过较小的孔伸入工件内部,喷涂其内表面。图 1-19 所示为 ABB 喷涂机器人。

7. 其他

根据应用领域划分,工业机器人还可以分为研磨抛光、清洁、水切割、净化、真空等机器人。打磨是机器人应用的新领域,独特的力度控制确保了物品被打磨的完美无瑕。打磨机器人主要由工业机器人本体和打磨机具、手爪等外围设备组成。机器人打磨主要有两种方式:一种是通过机器人末端执行器夹持打磨工具,主动接触工件,工件相对固定不动,这种打磨机器人可称为工具主动型打磨机器人;另一种是通过机器人末端执行器夹持工件,去接触去毛刺机具设备,机具设备相对固定不动,这种打磨机器人也称为工件主动型打磨机器人。图 1-20 所示为 KUKA 机器人进行打磨作业。

图 1-19　ABB 喷涂机器人　　　　　图 1-20　KUKA 机器人进行打磨作业

一、工业机器人发展历程

1954年，美国的乔治·德沃尔首次设计出第一台电子程序可编辑的工业机器人，并于1961年发表了该项专利。1962年，工业机器人在美国通用汽车公司投入使用，标志着第一代机器人诞生，从此机器人的历史正式拉开帷幕。之后日本使工业机器人得到迅速的发展。目前，日本已成为世界上工业机器人产量和拥有量最多的国家。

第一代机器人也称为示教再现机器人，它是通过计算机来控制一个多自由度机械，通过示教存储程序和信息，工作时把信息读取出来，然后发出指令，机器人可以重复地根据人当时示教的结果，再现出这种动作，如，汽车的点焊机器人，只要把这个点焊的过程示教完以后，它总是重复这样一种工作，它对外界的环境没有感知能力，操作力的大小、工件存不存在、焊的好与坏等，它并不知道，这是第一代机器人存在的缺陷。

1982年，美国通用汽车公司在装配线上为机器人装备了视觉系统，从而宣告了第二代机器人——感知机器人的问世。第二代机器人带有外部传感器，可进行离线编程，能在传感系统支持下，具有不同程度感知环境并自行修正程序的功能。这种感知类似人的感觉，如力觉、触觉、滑觉、视觉、听觉等。有了各种各样的感觉后，当机器人抓取物体时，它能够通过视觉，感受和识别它的形状、大小、颜色；能通过触觉，知道抓取力的大小和滑动的情况。

第三代机器人是机器人学中一个理想的、最高级的阶段，称为智能机器人，它不但具有感知功能，还具有一定决策和规划能力。智能机器人能根据人的命令或按照所处环境自行做出决策规划动作，即按任务编程。只要告诉它做什么，不用告诉它怎么去做，它就能完成运动。

二、工业机器人的现状

在政策利好下，我国工业机器人行业加速发展。从产销量看，2016—2022年我国工业机器人产量由7.24万台增长至44.31万台，销量由8.5万台增长至30.3万台。从安装量看，2021年我国工业机器人安装量达26.82万台，为全球第一，占比51.88%。

在良好市场环境下，工业机器人国内企业相继涌现，同时，由于我国制造业巨大的发展潜力也吸引着海外工业机器人巨头进入国内市场，工业机器人行业竞争加剧。但由于起步较晚，国内企业技术水平和规模有限，只能从中低端市场谋求突破，高端市场主要被海外企业占据。

国内工业机器人与国外工业机器人的差距，是国内企业的压力，也是追赶动力。在模仿和组装的过程中，国产工业机器人技术水平不断向国外一流水平靠拢，在关键零部件方面也打破了海外垄断。2017—2021年，我国工业机器人国产化率由24.2%提升至32.8%。

三、国内外工业机器人主要厂商

1. 国内工业机器人主要厂商

（1）沈阳新松自动化股份有限公司　沈阳新松自动化股份有限公司以机器人独有技术

为核心，公司的机器人产品线涵盖工业机器人、洁净（真空）机器人、移动机器人、特种机器人及智能服务机器人五大系列，其中工业机器人产品填补多项国内空白；洁净（真空）机器人多次打破国外技术垄断与封锁，大量替代进口；移动机器人产品在国际上处于领先水平，被美国通用等众多国际知名企业列为重点采购目标；特种机器人在国防重点领域得到批量应用。在高端智能装备方面已形成智能物流、自动化成套装备、洁净装备、激光技术装备、轨道交通装备、节能环保装备、能源装备和特种装备产业群组化发展。

（2）广州数控设备有限公司（GSK）　广州数控设备有限公司是国内规模较大的数控系统研发生产基地。同时，公司还积极拓展工业机器人与精密电动注塑机两大业务领域，为用户提供专业的工业自动化和精密注塑成型解决方案。

RB 系列工业机器人和 RB 系列搬运机器人是广州数控设备有限公司自主研发的六关节工业机器人，融合了国家 863 科技计划项目的重要成果，现已有 3kg、8kg、20kg、50kg 等多个规格型号的产品。RB 系列搬运机器人广泛应用于机床上下料、冲压自动化生产线、集装箱等的自动搬运。

（3）埃斯顿自动化公司　埃斯顿自动化公司具有全系列工业机器人产品，包括 Delta 和 Scara 工业机器人系列，其中标准工业机器人规格为 6～300kg，应用领域包括点焊、弧焊、搬运和机床上下料等。

（4）安徽埃夫特智能装备有限公司　安徽埃夫特智能装备有限公司是一家专门从事工业机器人、大型物流储运设备，及非标生产设备设计、制造的高新技术企业。埃夫特机器人广泛应用于汽车及零部件行业、家电行业、电子行业、卫浴行业、机床行业、机械制造行业、日化行业、食品和药品行业、光电行业、钢铁行业等。

2. 国外工业机器人主要厂商

（1）瑞士 ABB 公司　ABB 公司是全球领先的工业机器人供应商，同时提供机器人软件、外设、模块化制造单元及相关服务，产品广泛应用于焊接、物料搬运、装配、喷涂、切割、精加工、打磨抛光、拾料、包装、货盘堆垛、机械管理等领域，以汽车、塑料、金属加工、铸造、电子、制药、食品、饮料等行业为目标市场。

ABB 工业机器人产品主要有两类：四、五、六轴串联工业机器人和三角式并联机器人。其中，串联工业机器人负载能力为 3～500kg；并联机器人有三轴和四轴两种，负载能力为 1～8kg。ABB 工业机器人最显著的优点是精度高、运行速度快、运动轨迹准确、安全可靠性高、智能程度高。

ABB 工业机器人还具有智能程度较高的视觉检测技术、力控制技术、负载识别技术等。其力控制技术已经成功应用于汽车变矩器中的花键齿轮装配线、活塞抛光以及火花塞装配线。

ABB 工业机器人控制器也非常有特色，它将控制柜等组件模块化，即控制柜、示教器等可以根据项目实际需要随意组装。单个控制器最多能控制 4 台机器人（36 轴）。

ABB 工业机器人利用 QuickMove 动态自优化运动控制技术，TrueMove 技术保障了路径的准确性，即不论机器人运动速度有多快，总能够保障机器人沿着正确的指定路径运动。

ABB 工业机器人具有安全的多机协调工作功能，还随机附带 Robot Studio 软件，该软件具有 3D 运行模拟功能、联机功能以及离线编程功能。

（2）德国 KUKA（库卡）机器人公司　KUKA（库卡）机器人公司产品应用于点焊、

弧焊、码跺、喷涂、浇铸、装配、搬运、包装、注塑、激光加工、检测和水切割等各种自动化作业。

KUKA 机器人在欧洲、德国市场份额中处于第一名，在汽车行业具有压倒性优势，在奔驰、宝马、大众、福特、通用、克莱斯勒等汽车生产商中，KUKA 机器人的使用量均超过汽车生产商所拥有机器人数量的 95%。

KUKA 工业机器人的控制器 KR C4 具有安全控制功能（安全控制器），能够确保机器人时时刻刻均处于安全状态。并且针对不同行业开发了不同的软件工具包，包括焊接、折弯加工、输送带、加工工序粘接、激光焊接 / 切割、CAM 数据加工、堆垛、压铸机、焊缝跟踪、触觉搜索焊接等。KUKA 机器人还配有 WorkVisual 离线仿真编程软件，便于操作员的离线开发、在线诊断和维护工作。

（3）日本 FANUC 公司　FANUC（发那科）是日本一家专门研究数控系统的公司，是世界上最大的专业数控系统生产厂家，占据了全球 70% 的市场份额。FANUC 致力于机器人技术上的领先与创新，FANUC 机器人产品系列多达 240 种，负重从 0.5kg ～ 1.35t，广泛应用于装配、弧焊、点焊、激光焊、搬运、上下料、激光切割等不同领域。

（4）日本安川（Yaskawa）电机公司　自 1977 年安川电机研制出第一台全电动工业机器人以来，已有 40 余年的机器人研发生产的历史，其核心的工业机器人产品包括点焊和弧焊机器人、油漆和处理机器人、LCD 玻璃板传输机器人和半导体晶片传输机器人等，是将工业机器人应用到半导体生产领域的最早的厂商之一。

（5）美国 Adept Technology 公司　Adept Technology 公司是一家专业从事工业自动化的高科技生产企业。Adept Technology 公司的产品包括各种系列的机械臂，可以用在产品包装、测试、分选、装卸等各种机械设备中。Adept Technology 公司的智能自动化产品线包括工业机器人、针对机器人的机械控制装置和其他灵活的自动化设备、机器视觉、系统和应用软件等。

四、工业机器人的发展趋势

目前工业机器人界都在加大科研力度，进行工业机器人共性技术的研究，并朝着智能化和多样化方向发展。从近几年世界的机器人公司，如 ABB（瑞士）、安川电机（日本）、KUKA（德国）、FUNAC（日本）等公司推出的产品来看，发现有如下的特点和趋势。

1. 执行机构

采用杆臂结构或细长臂和轴向式腕关节，与关节机构、电动机、减速器、编码器有机结合，全部电、气管线不外露，形成一个十分完整的防尘、防漏、防爆、防水的全封闭一体化结构。探索新的高强度轻质材料，进一步提高负载和自重比，同时机构向着模块化、可重构方向发展。在机器人执行机构研究方面，其重点将集中在各种具有柔性、灵巧性手爪和手臂上，包括研究新型轻质、高强度和高刚性的结构材料；快速准确、结构紧凑的机器人手腕、手臂及其连接机构；多自由度、灵活柔顺的执行机构等。

2. 工业机器人控制技术

随着人工智能和机器学习等技术的不断发展，工业机器人智能控制技术也在不断地进步。目前，工业机器人已经具备了自主感知、自主决策和自主执行任务的能力。首先，在感知方面，传感器的应用使得工业机器人可以获取更加准确和全面的环境信息。同时，视觉识别系统也越来越成熟，可以对物体形状、颜色等特征进行识别。其次，在决策方面，基于规则库或者深度学习算法等可以让机器人根据不同情境做出相应决策，并且还可以进行多种任务之间的切换。最后，在执行任务方面，先进的运动控制系统使得工业机器人具备了更加精准、稳定和高速度运动的能力。此外，工业机器人在协作与安全性方面也有了很大提升。

3. 传感器技术

单一传感器信号难以保证输入信息的准确性和可靠性，不能满足智能机器人系统获取环境信息的要求。采用多传感器集成和融合技术，利用各种传感信息，获得对环境的正确理解，使机器人系统具有容错性，保证系统信息处理得快速性和正确性。

4. 虚拟工业机器人技术

随着虚拟现实技术的发展，基于元宇宙的工业机器人应运而生。基于多传感器、多媒体、虚拟现实以及临场感技术，可以实现工业机器人的虚拟遥控操作和人机交互。

5. 工业机器人微型和微小技术

这是工业机器人研究的一个新的领域和重点发展方向，是 21 世纪尖端技术之一。工业机器人微型和微小技术的研究主要集中在系统结构、运动方式、控制方法、传感技术、通信技术以及行走技术等方面。

从一般工业机器人到具有智能的、功能强大的工业机器人将是一个飞跃。目前，工业机器人正处在一个蓬勃发展的阶段，随着科学技术的不断发展，工业机器人产业将不断拓展，不断向新的领域进军。

项 目 实 训

一、训练任务

为了加深学生对本项目知识的记忆、理解，鼓励学生全面地、辩证地分析问题。对工厂、企业实际应用的一些工业机器人进行分析、思考，并能收集一些工业机器人的资料，只有在掌握了大量的资料的前提下，才能对其设计有一定的了解。

1）在实训室中，认识工业机器人，其要求如下：

① 能严格执行实训室的作业标准、安全和技术规范。

② 实训前认真检查实验台面仪器设备的状态及其放置位置，实验后要回归原处。

③ 实地了解工业机器人结构组成部分，理解其基本构造及工作原理。

④ 指导教师讲解如何连接工业机器人系统后，学生动手连接系统，在通电之前，应先让指导教师检查接线情况。

2）对工业机器人系统提出看法时，其包含内容要求如下：

① 此工业机器人的任务是什么，由哪几部分组成，每一部分在系统中起何作用。

② 人在控制系统中是否起作用，若是，起何作用。

③ 工业机器人的实际效果与预期的是否一致。

二、训练内容

学生可选择自己喜欢的一种工业机器人进行分析，也可以对实训室的工业机器人进行分析。可参考表 1-2 的要求进一步分析工业机器人系统。

表 1-2　工业机器人系统分析训练任务单

学习主题		工业机器人系统分析	
重点难点		工业机器人系统的组成及功能	
训练目标	知识能力指标	1）通过学习，能分析工业机器人系统的组成；明确什么是工业机器人 2）正确理解自由度、重复定位精度、工作范围、工作速度、承载能力等概念 3）明确工业机器人常用的分类方式，掌握各类别的含义和信息特征	
	素养指标	1）养成独立工作的习惯，能够正确制订工作计划 2）能够阅读工业机器人相关技术手册与说明书 3）培养学生良好的职业素质及团队协作精神	
参考资料学习资源		图书馆相关书籍；工业机器人课程相关网站；网络检索等	
学生准备		所选工业机器人系统、教材、笔、笔记本、练习纸	
工作任务	任务步骤	任务内容	任务实现描述
	明确任务	提出任务	
	分析过程 （学生借助于参考资料、教材和教师提出的引导问题，自己做一个工作计划，并拟定出检查、评价工作成果的标准要求）	简述工业机器人组成部分及作用	
		按照不同的分类方法对工业机器人进行分类	
		列出自由度、重复定位精度、工作范围、工作速度、承载能力等	
		描述工业机器人的坐标形式	
		描述工业机器人的类别	
		描述工业机器人的主要应用及性能指标侧重点	

三、训练评价

请在表 1-3 教学检查与考核评价表里进行学生自评、小组互评和教师评价。

表 1-3　教学检查与考核评价表

检查项目	检查结果及改进措施	分值	学生自评	小组互评	教师评价
练习结果的正确性		20分			
知识点的掌握情况		40分			
能力控制点检查		20分			
课外任务完成情况		20分			
综合评价	学生自评：	小组互评：		教师评价：	

项　目　总　结

1）工业机器人是面向工业领域的多关节机械手或多自由度机器人。工业机器人是自动执行工作的机器装置，是靠自身动力和控制能力来实现各种功能的一种机器。它可以接受人类指挥，也可以按照预先编排的程序运行，现代的工业机器人还可以根据人工智能技术制定的原则纲领行动。

2）工业机器人由三大部分、六个子系统组成。三大部分是机械本体部分、传感部分和控制部分。六个子系统是机械结构系统、驱动系统、传感系统、人机交互系统、控制系统以及机器人 – 环境交互系统。

3）工业机器人的主要技术参数应包括自由度、精度、工作空间、速度和承载能力。

思考与习题

1-1　选择题

（1）"Robot"中文译为"机器人"，由于带有"人"字，再加上科幻小说和影视作品的影响，人们往往把机器人想象为外貌像人的机器，机器人应该是（　　）。

A. 外貌像人的机器

B. 具有编程能力，具有拟人（生物）功能的自动化装置

C. 自动化机器

D. 模型化外星人

（2）世界上第一家机器人制造工厂——Unimate 公司，其第一批机器人称为"Unimate"，意思是"万能自动"，（　　）因此被称为"工业机器人之父"。

A. 乔治·德沃尔

B. 约瑟夫·英格尔伯格和乔治·德沃尔

C. 约瑟夫·英格尔伯格

D. 尤尼梅特

（3）工业机器人的额定负载是指在规定范围内（　　）所能承受的最大负载允许值。

A. 手腕机械接口处　　　　　　　　　　　B. 手臂

C. 末端执行器　　　　　　　　　　　　　D. 机座

（4）工业机器人运动自由度数一般（　　）。

A. 小于 2 个　　　　B. 小于 3 个　　　　C. 小于 6 个　　　　D. 大于 6 个

（5）用来表征机器人重复定位其末端执行器于同一目标位置的能力的参数是（　　）。

A. 定位精度　　　　　　　　　　　　　　B. 速度

C. 工作范围　　　　　　　　　　　　　　D. 重复定位精度

（6）传动机构用于把驱动器产生的动力传递到机器人的各个关节和动作部位，实现机器人平稳运动。（　　）主要用于改变力的大小、方向和速度。

A. 皮带传动　　　　　　　　　　　　　　B. 电动

　　C.齿轮传动　　　　　　　　　　　　　　D.链传动机构

（7）机器人的精度主要取决于机械误差、控制算法误差与分辨率系统误差。一般说来（　　）。

　　A.绝对定位精度高于重复定位精度　　　　B.重复定位精度高于绝对定位精度

　　C.机械精度高于控制精度　　　　　　　　D.控制精度高于分辨率精度

（8）机器人就是将实现人类的腰、肩、大臂、小臂、手腕、手以及手指的运动的机械组合起来，构造成能够像人类一样传递运动的机械。机械技术就是实现这种（　　）的技术。

　　A.运动传递　　　　　　　　　　　　　　B.运动能量

　　C.运动快慢　　　　　　　　　　　　　　D.运动形式

1-2　名词术语解释

工业机器人　　自由度　　重复定位精度　　工作范围　　工作速度　　承载能力

1-3　工业机器人由哪几部分组成？各部分什么功能？

1-4　工业机器人本体主要包括哪几部分？以关节机器人为例说明机器人本体的基本结构和主要特点。

1-5　机器人自由度是否越多越有利？简单说明原因。

1-6　什么是SCARA机器人，应用上有何特点？

1-7　工业机器人主要应用在哪些领域？在各自领域的应用如何？

1-8　选用工业机器人时应该考虑哪些因素？

项目 2

工业机器人的机械系统

> 知识目标：了解常用工业机器人的机械结构形式；掌握工业机器人末端执行器、手腕、手臂和腰部等驱动方式、机械结构的组成和特点。

> 能力目标：能看懂工业机器人的机构方案，分析工业机器人的结构形式；能够根据工业机器人的功能要求正确选择工业机器人的主体结构形式，并进行传动方案的设计。

> 素养目标：通过了解工业机器人的机械结构，培养学生的审美情趣，鼓励创新精神；通过学习工业机器人的机械系统原理，培养学生的科学态度、科学方法、科学精神和创新意识；通过设计传动方案，培养学生独立自主和团队合作的工匠精神。

本项目通过对工业机器人液压驱动、气压驱动、电机驱动的分析，结合人手臂的作用与机能，对机器人的末端执行器、手腕、手臂、腰部、机身和机座等机构原理进行分析，使学生对机器人的机构和原理有较为清楚的了解，学会工业机器人本体的结构设计，掌握工业机器人本体各组成部分的特点与内在联系。

![项目知识]

2.1 工业机器人本体机械结构

工业机器人本体的结构形式如图 2-1 所示，本项目介绍工业机器人本体的机械系统，包括机械结构、传动装置以及驱动装置。

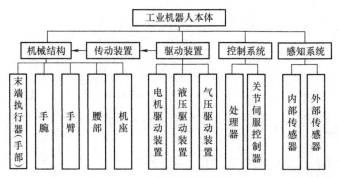

图 2-1　工业机器人本体的结构形式

工业机器人的
机械系统

2.1.1　工业机器人机械结构的组成及要求

1. 机械结构的组成

工业机器人本体是工业机器人完成作业的实体，它具有和人的手臂相似的动作功能。由于应用场合不同，工业机器人本体的机械结构多种多样，通常由以下部分组成。

（1）末端执行器　又称手部，是工业机器人直接执行工作的装置，可设置夹持器、工具、传感器等，是工业机器人直接与工作对象接触以完成作业的机构。

（2）手腕　连接末端执行器和手臂的部件，是支撑和调整末端执行器姿态的部件，主要用来确定和改变末端执行器的方位和扩大手臂的动作范围，一般有 2～3 个回转自由度，以调整末端执行器的姿态。有些专用工业机器人没有手腕，而是直接将末端执行器安装在手臂的端部。

（3）手臂　手臂是连接机座和手腕的部分，由工业机器人的动力关节和连接杆件等构成，是用于支撑和调整手腕和末端执行器位置的部件。手臂有时包括肘关节和肩关节。手臂与机座间用关节连接，因而扩大了末端执行器姿态的变化范围和运动范围。

（4）腰部　腰部是机器人的第一个回转关节，机器人的运动部分全部安装在腰部上，它承受了机器人的全部重量。

（5）机座　有时称为机身，是工业机器人机构中相对固定并承受相应的力的基础部件，可分为固定式和移动式两类。固定式机器人的机座直接连在地面或者平台上。移动式机器人的机座安装在移动机构上，移动机构带动机器人在一定范围空间内运动。

关节是工业机器人各部分间的结合部分，分为转动和移动两种类型。工业机器人前三个关节通常称为腰关节、肩关节和肘关节，它们决定了工业机器人的位置。手腕关节决定了工业机器人的姿态。

2. 工业机器人对机械结构的要求

（1）最小运动惯量　由于机器人本体运动部件多，运动状态经常改变，必然会产生冲击和振动，采用最小运动惯量可增加工业机器人的运动平稳性，提高其动力学特性。

（2）尺度规划　当设计要求满足一定工作空间时，通过尺度优化以选定最小的臂杆尺寸，这将有利于工业机器人本体刚度的提高，使运动惯量进一步降低。

（3）材料的选用　由于机器人从手腕、小臂、大臂到机座是依次作为负载起作用的，所以要选用高强度材料，以减轻零部件的重量。

（4）刚度的要求　机器人设计中，刚度是比强度更重要的问题，要使刚度最大，必须恰当地选择杆件剖面形状和尺寸，提高支撑刚度和接触刚度，合理地安排作用在臂杆上的力和力矩，尽量减少杆件的弯曲变形。

（5）可靠性　机器人因机构复杂、环节较多，可靠性问题显得尤为重要。

（6）工艺性　机器人是一种高精度、高集成度的自动机械系统，良好的加工和装配工艺性是设计时要体现的重要原则之一。仅有合理的结构设计而无良好的工艺性，必然导致机器人性能的降低和成本的提高。

2.1.2　工业机器人的末端执行器

工业机器人的末端执行器是最重要的执行机构，直接装在工业机器人的手腕上，用于直接抓握工件或让工具按照规定的程序完成指定的工作。机器人制造商一般不设计或出售末端执行器，多数情况下，他们只提供一个简单的夹持器。通常，末端执行器的动作由机器人控制器直接控制，或将机器人控制器的信号传至末端执行器自身的控制装置（如PLC）。工业机器人的末端执行器具有以下特点：

1）末端执行器与手腕相连处可拆卸。

2）通用性较差。

3）是一个独立部件。

由于机器人作业内容的差异（如搬运、装配、焊接、喷涂等）和作业对象的不同（如轴类、板类、箱类、包类物体等），末端执行器的形式多样。综合考虑末端执行器的用途、功能和结构特点，末端执行器大致可分成夹持式、吸附式及多指灵巧手。下面对这几种结构分别予以介绍。

1. 夹持式末端执行器

夹持式末端执行器是最常见的一种末端执行器，它一般由手指、传动机构、驱动装置和承接支架组成，能通过手指的开闭动作实现对物件的夹持。其传力结构形式比较多，如滑槽杠杆式、斜楔杠杆式、齿轮齿条式和弹簧杠杆式等。

（1）手指　手指是直接与物件接触的构件。手指的张开和闭合实现了松开和夹紧工件。通常机器人的末端执行器有两个手指，也有三个或多个手指的。它们的结构形式常取决于被夹持工件的形状和特性。

把持性能良好的机械手，除手指具有适当的开闭范围、足够的握力与相应的精度外，其手指的形状应顺应被抓取对象物的形状。如，对象物若为圆柱形，则往往采样 V 形指，如图 2-2a 所示；对象物若为方形，则大多采用平面指，如图 2-2b 所示；对象物若为小型或柔性工件，则采用尖指，如图 2-2c 所示；对象物若为特殊形状工件，则采用特殊指，如图 2-2d 所示。

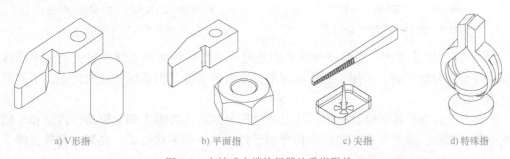

a) V形指　　　　　b) 平面指　　　　　c) 尖指　　　　　d) 特殊指

图 2-2　夹持式末端执行器的手指形状

根据工件形状、大小及被夹持部位材质软硬、表面性质等的不同，手指主要有光滑指面、齿型指面和柔性指面 3 种形式。光滑指面平整光滑，用来夹持已加工表面，避免已加工的光滑表面受损伤；齿型指面刻有齿纹，可增加与被夹持工件间的摩擦力，以确保夹紧可靠，多用来夹持表面粗糙的毛坯和半成品；柔性指面镶衬橡胶、泡沫、石棉等物，有增加摩擦力、保护工件表面、隔热等作用，一般用来夹持已加工表面、炽热件，也适于夹持薄壁件和脆性工件。

（2）传动机构　传动机构是向手指传递运动和动力，以实现夹紧和松开动作的机构。传动机构按其运动方式分为回转型和平移型。

1）回转型传动机构。回转型传动机构的手指是一对杠杆，再同斜楔、滑槽、连杆、齿轮、蜗轮蜗杆或螺杆等机构组成复合杠杆传动机构，以改变传力比、传动比及运动方向等。回转型传动机构的手指开闭角较小、结构简单、制造容易、应用广泛。

图 2-3 所示为杠杆滑槽式回转型传动机构，其工作过程为杠杆形手指 4 的一端装有 V 形指 5，另一端则开有长滑槽。驱动杆 1 上的圆柱销 2 套在滑槽内，当驱动连杆同圆柱销一起做往复运动时，即可拨动两个手指各绕其支点（铰销 3）做相对回转运动，从而实现手指的夹紧与松开动作。

图 2-4 所示为双支点杠杆式回转型传动机构，其工作过程为驱动杆 2 末端与连杆 4 由铰销 3 铰接，当驱动杆 2 做直线往复运动时，通过连杆推动手指各绕其支点做回转运动，从而使手指松开或闭合。

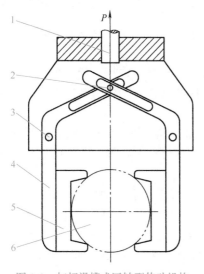

图 2-3　杠杆滑槽式回转型传动机构

1—驱动杆　2—圆柱销　3—铰销
4—杠杆形手指　5—V 形指　6—工件

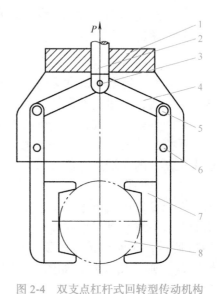

图 2-4　双支点杠杆式回转型传动机构

1—指座　2—驱动杆　3—铰销　4—连杆
5、6—圆柱销　7—V 形指　8—工件

2）平移型传动机构。平移型传动机构是通过手指的指面做直线往复运动或平面移动实现张开与闭合动作的，常用于夹持具有平行平面的工件，因其结构比较复杂，不如回转型应用广泛。

图 2-5 所示为平移型传动机构，其工作过程为回转动力源 1 和 6 驱动构件 2 和 5 顺时针或逆时针旋转，通过平行四边形机构带动手指 3 和 4 做平移运动，夹紧或释放工件。

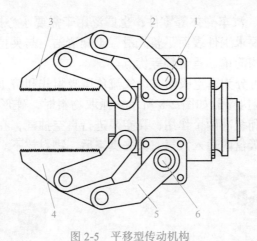

图 2-5　平移型传动机构

1、6—回转动力源　2、5—构件　3、4—手指

（3）驱动装置　驱动装置是向传动机构提供动力的装置，它一般有液压、气动、机械等驱动方式。图 2-6 所示为气动驱动原理图，图 2-7 所示为气动驱动手爪实物图。

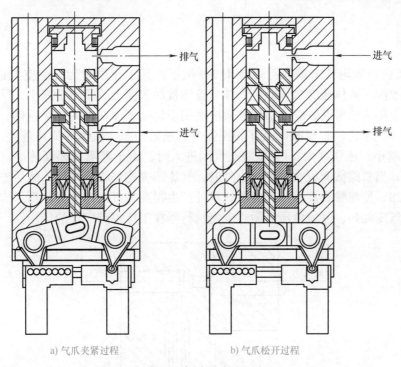

排气　进气

进气　排气

a) 气爪夹紧过程　　　　b) 气爪松开过程

图 2-6　气动驱动原理图

2. 吸附式末端执行器

吸附式末端执行器依靠吸附力取料。吸附式末端执行器适用于大平面、易碎、微小的物体的抓取，结构简单，对薄片状的物体搬运具有优越性，要求物体表面平整光滑、无孔、无凹槽。吸附式末端执行器根据吸附力不同可分为气吸式和磁吸式两种。

（1）气吸式末端执行器　气吸式末端执行器是工业机器人常用的一种吸持对象的装置，是利用吸盘内的压力和大气压之间的压差来工作的。吸盘主要用于搬运体积大、重量轻的物体，如冰箱壳体、汽车壳体等零件；也广泛用于需要小心搬运的物体，如显像管、平板玻璃等。真空吸盘要求工件表面平整光滑、干燥清洁。与夹持式末端执行器相比，气吸式末端执行器具有结构简单、重量轻等优点。

气吸式末端执行器可分为真空吸附式、气流负压吸附式和挤压排气式吸盘3种。

1）真空吸附式末端执行器如图2-8所示，抓取物料时，碟形橡胶吸盘与物料表面接触，橡胶吸盘起到密封和缓冲两个作用，真空泵进行真空抽气，在吸盘内形成负压，实现物料的抓取。放料时，吸盘内通入大气，失去真空后，物料放下。

图 2-7　气动驱动手爪实物图　　　　　图 2-8　真空吸附式末端执行器

2）气流负压吸附式末端执行器如图2-9所示，其工作原理为压缩空气进入喷嘴后，利用伯努利效应（流体速度加快时，物体与流体接触表面上的压力会减小，反之压力会增加，这一现象称为伯努利效应。伯努利效应适用于包括气体在内的一切流体，是流体稳定流动时的基本现象之一，反映出流体的压强与流速的关系，流体的流速越大，压强越小；流体的流速越小，压强越大），当压缩空气刚进入时，由于喷嘴口逐渐缩小，致使气流速度逐渐增加。当管路截面积收缩到最小处时，气流速度达到临界速度，然后喷嘴管路的截面积逐渐增加，使与橡胶皮碗相连的吸气口处产生很高的气流速度，从而形成负压。工厂一般都有空气压缩站，气流负压吸附式末端执行器在工厂得到广泛的应用。

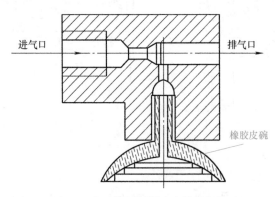

图 2-9　气流负压吸附式末端执行器

3）挤压排气式吸盘。对于轻、小、片状工件，还可以采用橡胶吸盘紧压工件表面，靠挤压力作用使吸盘内的空气被挤出，造成负压将工件吸住。

（2）磁吸式末端执行器　利用永久磁铁或电磁铁通电后产生的磁力来吸附对象，与气吸式末端执行器相同，磁吸式末端执行器不会破坏被吸对象的表面质量。磁吸式末端执行器工作原理如图 2-10 所示，当线圈 2 通电时，由于空气间隙 δ 的存在，磁阻很大，线圈产生大的电感和起动电流，这时在铁心 1 周围产生磁场（通电导体周围会产生磁场），磁力线穿过铁心、空气间隙和衔铁 3 形成回路，衔铁受到电磁吸力 F 的作用被牢牢吸住。实际应用时，往往采用盘式电磁铁，如图 2-11 所示，衔铁固定成磁盘，当磁盘接触工件时，工件被磁化，从而使工件被吸附。需放开工件时，线圈断电，磁力消失，工件落位。

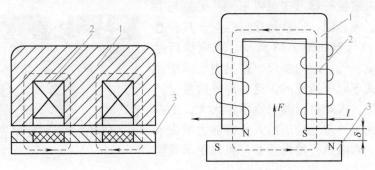

图 2-10　磁吸式末端执行器工作原理

1—铁心　2—线圈　3—衔铁

磁吸式末端执行器适用于用铁磁材料做成的工件，不适用于用有色金属和非金属材料制成的工件；适用于被吸附工件上有剩磁也不影响其工作性能的工件；适用于定位精度要求不高的工件；适用于常温状况下工作的工件，因为铁磁材料高温下磁性会消失。

3. 多指灵巧手

简单的卡爪式取料手不能适应物体外形的变化，不能使物体表面承受比较均匀的夹持力，因此无法对复杂形状、不同材质的物体实施夹持和操作。为了提高机器人手爪和手腕的操作能力、灵活性和快速反应能力，使机器人能像人一样进行各种复杂的作业，如装配作业、维修作业、设备操作等，并能做各种礼仪手势，就必须使机器人有一个运动灵活、动作多样的灵巧手。近年来国内外对灵巧手的研究十分重视，如图 2-12 所示，四指灵巧手的每一个手指有 3 个回转关节，每一个关节自由度都是独立控制。

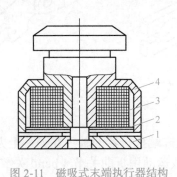

图 2-11　磁吸式末端执行器结构

1—磁盘　2—防尘盖　3—线圈　4—外壳体

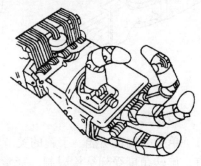

图 2-12　四指灵巧手

四指灵巧手每个手指都有 4 个自由度，除没有小指外，其结构是非常接近于人手的，人手指能完成的各种复杂动作它几乎都能模仿，如拧螺钉等动作。如果在灵巧手上再加上传感元件，感知手指表面是否接触到对象物、抓取对象物时力的强弱、加在手指上的外力大小以及手指的开闭程度等，就成了具有智能功能的高级灵巧手。多指灵巧手的应用前景十分广泛，可在各种极限环境下完成人类无法实现的操作，如核工业领域作业或在高温、高压、高真空环境下作业等。

通常一个机器人配有多个末端执行器装置或工具，因此要求末端执行器与手腕处的接头具有通用性和互换性。末端执行器一般用法兰式机械接口与手腕相连接，末端执行器是可以更换的，末端执行器形式可以不同，但是与手腕的机械接口必须相同，这就是接口匹配。具有通用接口的末端执行器如图 2-13 所示。末端执行器可能还有一些电、气、液的接口，这是由于末端执行器的驱动方式不同所造成的。这些部件的接口一定要具有互换性。末端执行器自重不能太大，工业机器人能抓取的工件重量是机器人承载能力减去末端执行器重量。末端执行器自重要与机械手承载能力相匹配。

图 2-13　具有通用接口的末端执行器

2.1.3　工业机器人的手腕

手腕确定末端执行器的作业姿态，为了使末端执行器能处于空间任意方向，要求手腕能实现相对空间 3 个坐标轴 X、Y、Z 的旋转运动，这便是手腕运动的 3 个自由度，由 3 个回转关节组合而成，分别称为偏转、翻转和俯仰，如图 2-14 所示。偏转（yaw）是指末端执行器绕小臂轴线方向的旋转；翻转（roll）是指末端执行器绕自身轴线的旋转；俯仰（pitch）是指末端执行器相对手臂的摆动。并不是所有的手腕都必须具备 3 个自由度，而是根据实际使用的工作性能要求来确定。按自由度的数目不同，手腕分为单自由度手腕、二自由度手腕和三自由度手腕。

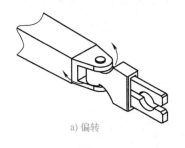 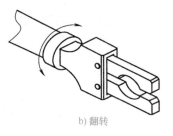 

a) 偏转　　　　　　　　　　b) 翻转　　　　　　　　　　c) 俯仰

图 2-14　手腕的自由度

1. 单自由度手腕

（1）单一的偏转功能　手腕的关节轴线与手臂及末端执行器的轴线在另一个方向上相互垂直；旋转角度受到结构限制，通常小于 360°。该运动用折曲关节（bend 关节）实现，简称 B 关节。

（2）单一的翻转功能　手腕的关节轴线与手臂的纵轴线共线，旋转角度不受结构限制，可以回转 360° 以上。该运动用翻转关节（roll 关节）实现，简称 R 关节。

（3）单一的俯仰功能　手腕的关节轴线与手臂及末端执行器的轴线相互垂直，旋转角度受到结构限制，通常小于 360°。该运动用 B 关节实现。

SCARA 水平关节装配机器人的手腕只有绕垂直轴的一个旋转自由度，用于调整装配件的方位，适用于电子线路板的插件作业。

2. 二自由度手腕

可以由一个 R 关节和一个 B 关节联合构成 BR 关节实现，或由两个 B 关节组成 BB 关节实现，但不能由两个 RR 关节构成二自由度手腕，因为两个 R 关节的功能是重复的，实际上只起到单自由度的作用。

3. 三自由度手腕

三自由度手腕是在二自由度手腕的基础上加一个手腕相对于小臂的转动自由度而形成的。三自由度手腕是"万向"型手腕，结构形式繁多，可以完成很多二自由度手腕无法完成的作业。

近年来，大多数关节机器人都采用了三自由度手腕。它可以由 B 关节和 R 关节组成多种形式。图 2-15a 所示为 RBR 手腕，末端执行器具有翻转、俯仰和偏转运动，即 RPY 运动，此种类型应用最为广泛，适用于各种场合。图 2-15b 所示为由两个 B 关节和一个 R 关节组成的 BBR 手腕，此种类型应用较少。图 2-15c 所示为由三个 R 关节组成的 RRR 手腕，它可以实现末端执行器的 RPY 运动，典型应用为 PUMA262，主要应用在喷涂行业。

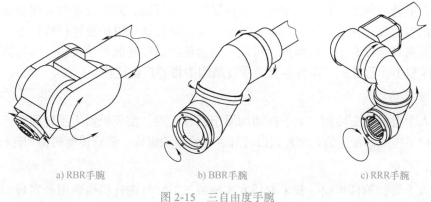

a) RBR手腕　　　　　b) BBR手腕　　　　　c) RRR手腕

图 2-15　三自由度手腕

4. 手腕结构的设计要求

1) 机器人手腕的自由度数应根据作业需要来设计。机器人手腕自由度数目越多，各关节的运动角度越大，则机器人手腕的灵活性越高，机器人对作业的适应能力也越强。但是，自由度的增加，也必然会使手腕结构更复杂，机器人的控制更困难，成本也会增加。因此，手腕的自由度数应根据实际作业要求来确定。在满足作业要求的前提下，应使自由度数尽可能地少。一般的机器人手腕的自由度数为 2～3 个，有的手腕需要更多的自由度，而有的机器人手腕不需要自由度，仅依靠臂部和腰部的运动就能实现作业要求的任务。因此，要具体问题具体分析，考虑机器人的多种布局、运动方案，选择满足要求的最简单的方案。

2) 机器人手腕安装在机器人手臂的末端，在设计机器人手腕时，应力求减小其重量和体积，结构力求紧凑。为了减轻机器人手腕的重量，手腕机构的驱动器采用分离传动。

手腕驱动器一般安装在手臂上，不采用直接驱动，并选用高强度的铝合金制造。

3）机器人手腕要与末端执行器相连，因此，要有标准的连接法兰，结构上要便于装卸末端执行器。

4）机器人的手腕机构要有足够的强度和刚度，以保证力与运动的传递。

5）要设有可靠的传动间隙调整机构，以减小空回间隙，提高传动精度。

6）手腕各关节的轴转动要有限位开关，并设置硬限位，以防止因超限造成机械损坏。

2.1.4 工业机器人的手臂部

工业机器人的手臂由大臂和小臂（或多臂）组成，一般具有 2～3 个自由度，完成伸缩、左右回转、俯仰或升降动作，是工业机器人的主要执行部件，用于支撑末端执行器和手腕，并改变末端执行器的空间位置。

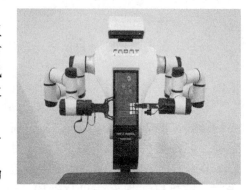

工业机器人的手臂按结构形式可分为单臂式、双臂式（见图 2-16）及悬挂式。

手臂的运动形式可分为直线运动、回转运动和俯仰运动。

图 2-16 双臂式机器人

1. 直线运动

机器人手臂的伸缩、升降及横向移动均属于直线运动，而实现手臂直线运动的机构较多，常用的有活塞（液或气）缸、齿轮齿条机构、丝杠螺母机构及连杆机构等。为了使手臂移动的距离和速度有定值的增加，可以采用齿轮齿条传动的增倍机构。因为活塞（液或气）缸的体积小、重量轻，在机器人的手臂结构中得到广泛应用。

2. 回转运动

机器人手臂的左右回转、上下摆动均属于回转运动，实现机器人手臂回转运动的机构形式是多种多样的，常用的有叶片式回转缸、齿轮传动机构、链轮传动机构和连杆机构等。

3. 俯仰运动

机器人手臂的俯仰运动一般采取活塞（液或气）缸与连杆机构联用来实现。手臂的俯仰运动用的活塞缸位于手臂的下方，活塞杆和手臂用铰链连接，缸体采用尾部耳环或中部销轴等方式与立柱连接，如图 2-17 所示。

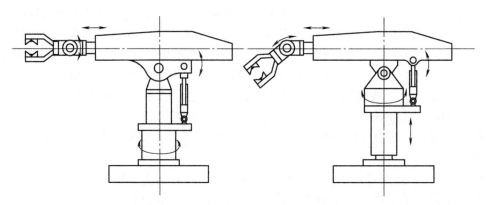

图 2-17 俯仰运动的机构形式

手臂运动部分零件的重量直接影响手臂的刚度和强度,同时由于手臂在运动过程中承受的动、静载荷和惯性力较大,其重量还影响着机器人定位的准确性。肩关节(大臂关节)位于腰部的支座上,多采用 RV 减速器传动、谐波传动或摆线针轮传动;也可采用滚动螺旋组合连杆机构或直接应用齿轮机构。肘关节(小臂关节)位于大臂与小臂的连接处,多采用谐波传动、摆线针轮或齿轮传动等。

4. 手臂的设计要求

机器人手臂的作用是在一定的载荷和一定的速度下,实现在机器人所要求的工作空间内的运动。在进行机器人手臂设计时,要遵循下述原则:

1)应尽可能使机器人手臂各关节轴相互平行;相互垂直的轴应尽可能相交于一点,这样可以使机器人运动学正逆运算简化,有利于机器人的控制。

2)机器人手臂的结构尺寸应满足机器人工作空间的要求。工作空间的形状和大小与机器人手臂的长度、手臂关节的转动范围有密切的关系。但机器人手臂末端工作空间并没有考虑机器人手腕的空间姿态要求,如果对机器人手腕的空间姿态提出具体的要求,则其手臂末端可实现的工作空间要变小。

3)为了提高机器人的运动速度与控制精度,应在保证机器人手臂有足够强度和刚度的条件下,尽可能在结构上、材料上减轻手臂的重量。力求选用高强度的轻质材料,通常选用高强度铝合金制造机器人手臂。目前,国外也在研究用碳纤维复合材料制造机器人手臂。碳纤维复合材料抗拉强度高、抗振性好、密度小(其密度相当于钢的 1/4,相当于铝合金的 2/3),但是价格昂贵,且在性能稳定性及制造复杂形状工件的工艺上尚存在问题,故还未能在生产实际中推广应用。

目前比较有效的办法是用有限元法进行机器人手臂结构的优化设计。在保证所需强度与刚度的情况下,减轻机器人手臂的重量。

4)机器人各关节的轴承间隙要尽可能小,以减小机械间隙所造成的运动误差。因此,各关节都应有工作可靠、便于调整的轴承间隙调整机构。

5)机器人的手臂相对其关节回转轴应尽可能在重量上平衡,这对减小电动机负载和提高机器人手臂运动的响应速度是非常有利的。在设计机器人的手臂时,应尽可能利用在机器人上安装的机电元器件与装置的重量来减小机器人手臂的不平衡重量,必要时还要设计平衡机构来平衡手臂残余的不平衡重量。

6)机器人手臂在结构上要考虑各关节的限位开关和具有一定缓冲能力的机械限位块,以及驱动装置、传动机构及其他元件的安装。

2.1.5　工业机器人的腰部

腰关节为回转关节,既承受很大的轴向力和径向力,又承受倾翻力矩,它应具有较高的运动精度和刚度。

腰关节多采用高刚性的 RV 减速器传动,也可采用谐波传动、摆线针轮或蜗杆传动。其转动副多采用薄壁轴承或四点接触轴承,有的还设计有调隙机构。对于液压驱动的腰关节,多采用回转缸和齿轮传动机构相结合。

在设计机器人腰部结构时,要遵循以下设计原则:

1)腰部要有足够大的安装基面,用以保证机器人在工作时整体安装的稳定性。

2)腰部要承受机器人全部的重量和载荷,因此,机器人的机座和腰部轴及轴承要有足够大的强度和刚度，以保证其承载能力。

3）机器人的腰部是机器人的第一个回转关节，它对机器人末端的运动精度影响最大，因此，在设计时要特别注意腰部轴系及传动链的精度与刚度。

4）腰部的回转运动要有相应的驱动装置，包括驱动器（电动、液压及气动）及减速器。驱动装置一般都带有速度与位置传感器以及制动器。

5）腰部的结构要便于安装调整。腰部与机器人手臂的联合要有可靠的定位基准面，以保证各关节的相互位置精度。要设有调整机构，用来调整腰部轴承间隙及减速器的传动间隙。

6）为了减小机器人运动部分的惯量，提高机器人的控制精度，腰部回转运动部分的壳体由密度较小的铝合金材料制成，而不运动的基座是用铸铁或铸钢材料制成。

2.1.6 工业机器人的机座

机座是连接、支撑手臂及行走机构的部件，用于安装手臂的驱动装置或传动装置。若是固定式，则固定机座与机身为一体；若是移动式，则还需要一个行走机构。

1. 固定轨迹式行走机构

把机器人机座安装在一个可移动的平台上，通过将来自电动机的旋转运动转化为直线运动来实现固定轨迹移动。

该类机器人机座安装在一个可移动的拖板座上，靠丝杠螺母驱动，整个机器人沿丝杠纵向移动。除这种直线驱动方式外，还有类似起重机梁行走方式等。固定轨迹式行走机构主要用在作业区域大的场合，如大型设备装配、立体化仓库中材料搬运等。

2. 无固定轨迹式行走机构

（1）轮式行走机构　轮子一般是移动机器人中最流行的行走机构，它可达到很高的效率且用比较简单的机械就可实现。车轮的形状或结构形式取决于地面性质和车辆的承载能力。在轨道上运行的机器人多采用钢轮，室外路面行驶的机器人采用充气轮胎，室内平坦地面上的机器人可采用实心轮胎，如图 2-18 所示。

（2）履带式行走机构　履带式行走机构的主要特征是将圆环状的无限轨道带绕在多个车轮上，使车轮不直接与路面接触。履带可以缓冲路面的状态，因此机器人可以在各种路面上行走。INSPECTOR 排爆机器人和 INSPECTOR 侦察机器人采用的都是履带式行走机构，如图 2-19 所示。

图 2-18　轮式行走机器人

a) INSPECTOR排爆机器人　　　　b) INSPECTOR侦察机器人

图 2-19　履带式行走机器人

履带式行走机构的优点主要有：能登上较高的台阶；由于履带的突起，路面保持力强，因此适合在荒地上移动；能实现原地旋转；重心低，稳定性好。

2.2　工业机器人驱动方式

工业机器人驱动是指按照电信号的指令，将来自电、液压和气压等各种能源产生的力矩和力，直接或间接地驱动机器人本体，以获得机器人的旋转运动、直线运动等的执行机构。通常对工业机器人的驱动要求有：驱动系统的重量尽可能要轻，单位质量的输出功率要高，效率也要高；反应速度要快，即要求力矩质量比和力矩转动惯量比要大，能够进行频繁地起、制动，正、反转切换；驱动尽可能灵活，位移偏差和速度偏差要小；安全可靠；操作和维护方便；对环境无污染，噪声要小；经济上合理，尤其要尽量减少占地面积。工业机器人常用的驱动方式有电机驱动、液压驱动、气压驱动 3 种基本类型以及新型驱动方式。

1. 电机驱动

电机驱动是利用各种电动机产生的力或力矩，直接或间接经过减速机构去驱动机器人的关节，以获得要求的位置、速度和加速度。电机驱动具有无环境污染、易于控制、运动精度高、成本低、驱动效率高等优点，应用最为广泛。电机驱动可分为步进电动机驱动、直流（DC）伺服电动机驱动、交流（AC）伺服电动机驱动和直线电动机驱动。交流伺服电动机驱动具有大的转矩质量比和转矩体积比，没有直流电动机的电刷和换向器，可靠性高，运行时几乎不需要维护，可用在防爆场合，因此在现代工业机器人中广泛应用。

（1）直流伺服电动机驱动　伺服电动机是一种受输入电信号控制，能做出快速响应的电动机，其转速与控制电压成正比，转速随着转矩的增加而近似线性下降，调速范围宽，当控制电压为零时能够立即停止转动。直流伺服电动机是用直流供电的伺服电动机，其功能是将输入的受控电压或电流能量转换为转子轴上的角位移或角速度输出。直流伺服电动机结构如图 2-20 所示，它由定子、转子（电枢）、换向器和机壳组成。定子的作用是产生磁场；转子由铁心和线圈组成，用于产生电磁转矩；换向器由整流子和电刷组成，用于改变转子线圈的电流方向，保证转子在磁场作用下连续旋转。

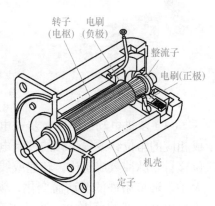

图 2-20　直流伺服电动机结构

直流伺服电动机稳定性好，机械性好，能在较宽的速度范围内运行；可控性好，具有线性调节的特性，能使转速正比于控制电压的大小；转向取决于控制电压的极性（或相位），控制电压为零时，转子惯性很小，能立即停止；响应迅速，具有较大的起动转矩和较小的转动惯量，在控制信号增加、减小或消失的瞬间，能快速起动、增速、减速及停止；控制功率低，损耗小；转矩大。直流伺服电动机广泛应用在宽调速系统和精确位置控制系统中，其输出功率为 1 ～ 600W，电压有 6V、9V、12V、24V、27V、48V、110V 和 220V 等，转速可达 1500 ～ 1600r/min。

直流伺服电动机用直流供电，通过对直流电压的大小和方向进行控制可调节电动机转速和方向。目前常用可控硅直流调速驱动和脉宽调制（PWM）伺服驱动两种方式。可控硅直流调速驱动主要通过调节触发装置控制可控硅的导通角（控制电压的大小）来移动触发脉冲的相位，从而改变整流电压的大小，使直流电动机转子电压的变化易于平滑调速。由于可控硅本身的工作原理和电源的特点，导通后是利用交流（50Hz）过零来关闭的，因此在低整流电压时，其输出电压是很小的尖峰值的平均值，从而造成电流的不连续性。而脉宽调制（PWM）伺服驱动通过改变脉冲宽度来改变加在电动机转子两端的平均电压，从而改变电动机的转速。脉宽调制（PWM）伺服驱动具有调速范围宽、低速特性好、响应快、效率高、过载能力强等特点，在工业机器人中常作为直流伺服电动机驱动器，直流伺服电动机及驱动器如图 2-21 所示。

（2）交流伺服电动机驱动　与直流伺服电动机相比，交流伺服电动机具有转矩/转动惯量比高、无电刷及换向火花等优点，在工业机器人中得到广泛应用。交流伺服电动机分为同步型（SM）和感应型（LM）两种。同步型指采用永磁结构的同步电动机，又称为无刷直流伺服电动机，其特点为无接触换向部件，需要磁极位置检测器（如编码器），具有直流伺服电动机的全部优点。感应型指笼型感应电动机，其特点为对定子电流的激励分量和转矩分量分别控制，具有直流伺服电动机的全部优点。交流伺服电动机由于采用电子换向，无换向火花，在易燃易爆环境中得到了广泛使用。交流伺服电动机及驱动器如图 2-22 所示。

a) 直流伺服电动机　　　　b) 驱动器

图 2-21　直流伺服电动机及驱动器　　　　图 2-22　交流伺服电动机及驱动器

（3）步进电动机驱动　步进电动机是一种用电脉冲信号进行控制，将电脉冲信号转换成相应的角位移或线位移的控制电动机。在负载能力的范围内，步进电动机的角位移和线位移量与脉冲数成正比，转速或线速度与脉冲频率成正比，这些关系不因电源电压、负载大小、环境条件的波动而变化，误差不长期积累。步进电动机可以在较宽的范围内，通过改变脉冲频率来调速，实现快速起动、正反转制动。但由于其存在过载能力差、调速范围相对较小、低速运动有脉动、不平衡等缺点，且步进电动机多为开环控制，控制简单、功率不大，因此多用于低精度小功率机器人系统。步进电动机如图 2-23 所示。

（4）电机驱动的控制方法　电机驱动的控制方法有两种。

图 2-23　步进电动机

　一种是通过改变电动机的电流来控制机器人手臂的力矩。手臂的输出力矩靠电流控制，而手臂的运动速度会因手臂上所施加的转动惯量变化而改变。当控制电流一定时，手臂的输出力矩不变，因此当运动过程中负载的惯量变大时，

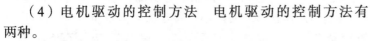

手臂运动的速度就减小,当惯量变小时,运动加速度增加,容易冲击目标。这种控制方法适用于压配和拧紧螺栓等装配工作,另外它在遇到阻碍时不会再增加力矩,只会使手臂的运动减慢,可实现手臂受阻停止,不会破坏阻碍物体。

另一种是通过改变电动机的电压来控制机器人手臂的运动速度。手臂的速度是由电压控制,不因转动惯量的变化而改变,当手臂上的受力变化时,其输出力矩会增加或减少,以保持其运动速度不变。因此,能够控制手臂以缓慢的速度接近目标。当遇到障碍时,会增加输出电流来加大力矩,以保持运动速度,这时就会破坏阻碍物体,或者机器人的控制电流超负荷使熔体熔断。

在工业机器人中,交流伺服电动机、直流伺服电动机都采用闭环控制,常用于位置精度和速度要求高的机器人中。目前,一般负载1000N以下的工业机器人的关节驱动电动机主要是交流伺服电动机和直流伺服电动机。步进电动机主要适用于开环控制系统,一般用于位置和速度精度要求不高的场合。机器人关节驱动电动机的功率范围一般为0.1～10kW。机器人末端执行器(手爪)应采用体积、质量尽可能小的电动机。

2. 液压驱动

在机器人的发展过程中,液压驱动是较早被采用的驱动方式。世界上首先问世的商品化工业机器人Unimate就是液压机器人。液压驱动的组成如下:

(1)油源 通常把油箱、滤油器、压力表等构成单元称为油源。通过电动机带动油泵,把油箱中的低压油变成高压油,供给液压执行机构。机器人液压系统的油液工作压力一般是7～14MPa。

(2)执行机构 液压系统的执行机构分为直线油箱和回转油箱。机器人运动部件的直线运动和回转运动绝大多数都是直接用直线运动的液压缸和液压马达驱动产生,称为直接驱动方式;有时由于结构安排的需要也可以转换产生回转或直线运动。

(3)控制调节元件 包括溢流阀、方向阀、流量阀等。

(4)辅助元件 包括管件、蓄能器等。

图2-24所示为液压驱动基本回路。由电动机带动液压泵,液压泵转动形成高压液流(也就是动力),经溢流阀稳压后,高压液流(液压油)接着进入方向控制阀,方向控制阀根据电信号,改变阀芯的位置使高压液压油进入液压缸A腔或者B腔,驱动活塞向右或者向左运动,由活塞杆将动力传出,带动机器人关节做功。

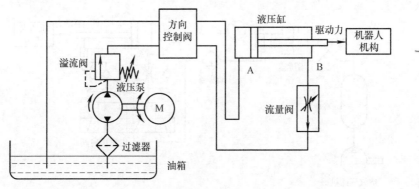

图2-24 液压驱动基本回路

液压驱动的执行装置除了可把液压油的能量变换成液压缸的直线运动,还有可变换成液压马达的旋转运动以及变换成摆动执行器的摇摆运动等。

液压驱动能够以较小的驱动器输出较大的驱动力或力矩，即获得较大的功率重量比。可以把驱动液压缸直接做成关节的一部分，故结构简单紧凑、刚性好。由于液体的不可压缩性，定位精度比气压驱动高，并可实现任意位置启停。液压驱动调速比较简单和平稳，能在很大范围内实现无级调速。使用溢流阀可简单而有效地防止过载现象发生。液压驱动具有润滑性能好、寿命长等特点；油液容易泄漏，这不仅影响工作的稳定性与定位精度，而且会造成环境污染；因油液黏度随温度的变化而变化，所以在高温与低温条件下很难应用；因油液中容易混入气泡、水分等，使系统的刚性降低，速度特性及定位精度变坏；需配备压力源及复杂的管路系统，因此成本较高。液压驱动方式大多用于要求输出力较大而运动速度较低的场合。

早期工业机器人连杆机构中的导杆、滑块、曲柄多采用液压缸（或液压马达）来实现其直线和旋转运动。随着控制技术的发展，对机器人各部分动作要求的不断提高，电机驱动在机器人中应用日益广泛。近年来，在机器人液压驱动系统中，电液伺服系统驱动最具有代表性。电液伺服系统通过电气传动方式，用电信号输入系统来操纵液压执行机构，使其跟随输入信号而动作。这类伺服系统中，电、液两部分之间都采用电液伺服阀作为转换元件。电液伺服系统根据物理量的不同可分为位置控制、速度控制、压力控制和电液伺服控制。

3. 气压驱动

气压驱动系统的组成与液压驱动系统有许多相似之处，图 2-25 所示为气压驱动基本回路。压缩空气由空气压缩机产生，其压力为 0.4 ～ 1.0MPa，并被送入储气罐。压缩空气在过滤器内除去灰尘和水分后，流向增压器调压。在油雾器中，压缩空气被混入油雾，这些油雾用于润滑系统的滑阀及气缸，同时也起一定的防锈作用。从油雾器出来的压缩空气接着进入电磁换向阀，电磁换向阀根据电信号，改变阀芯的位置使压缩空气进入气缸无杆腔或者有杆腔，驱动活塞向右或者向左运动，由活塞杆将动力传出，带动机器人关节做功。当压缩空气从无杆腔进气、从有杆腔排气时，单向节流阀 A 的单向阀开启，向气缸无杆腔快速充气；由于单向节流阀 B 的单向阀关闭，有杆腔的气体只能经节流阀排气，调节单向节流阀 B 的开度，便可改变气缸伸出时的运动速度。反之，调节单向节流阀 A 的开度则可改变气缸缩回时的运动速度。这时活塞运行稳定，是最常用的方式。

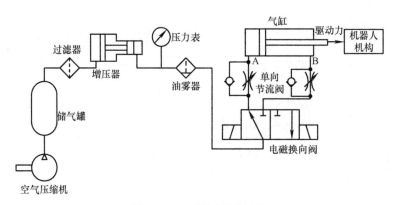

图 2-25　气压驱动基本回路

气压驱动执行装置除了可把压缩空气的能量变换成气缸的直线运动外，还有可变换成气动马达的旋转运动以及变换成摆动执行器的摇摆运动等。

气压驱动在工业机器人中应用较多。一般工厂都有压缩空气站供应压缩空气,气源方便,亦可由空气压缩机取得;废气可直接排入大气不会造成污染,因而在任何位置只需一根高压管连接即可工作,所以比液压驱动干净而简单;由于空气的可压缩性,气压驱动系统具有较好的缓冲作用;驱动器可做成工业机器人关节的一部分,因而气压驱动结构简单、成本低。但因为工作压力偏低,所以功率重量比小、驱动装置体积大;基于气体的可压缩性,气压驱动很难保证较高的定位精度。使用后的压缩空气向大气排放时,会产生噪声;因压缩空气含冷凝水,使得气压系统易锈蚀,在低温下易结冰。

电机驱动、液压驱动和气压驱动这三种方法各有所长,其特点对照表见表 2-1。

表 2-1 电机驱动、液压驱动和气压驱动特点对照表

内容	驱动方式		
	电机驱动	液压驱动	气压驱动
结构性能	伺服电动机易于标准化,结构性能好、噪声低;除直接驱动电动机外,一般需配置减速装置,不能直接驱动,结构紧凑,无密封问题	结构适当,执行机构(直线缸、摆动缸)可标准化,易实现直接驱动。功率质量比大、体积小、结构紧凑、密封问题较大	结构适当,执行机构(直线气缸、气压马达)可标准化,易实现直接驱动。功率质量比大、体积小、结构紧凑、密封问题较小
控制性能	控制精度高,功率较大,能精确定位,反应灵敏,可实现高速、高精度的连续轨迹控制,伺服特性好,控制系统复杂	利用液体的不可压缩性,控制精度较高,输出功率大,可无级调速,反应灵敏,可实现连续轨迹控制	气体可压缩性大,精度低,阻尼效果差,低速不易控制,难以实现高速、高精度的连续轨迹控制
响应速度	很高	很高	较高
输出力	较大,几十牛到几千牛	很大,1000N 以上	小,200N 左右,压力一般小于 1MPa
成本	成本高	液压元件成本较高	成本低
对环境的影响	很小	液压系统易漏油,对环境有污染	排气时有噪声
安全性	设备自身无爆炸和火灾危险,直流有刷电动机换向时有火花,防爆性能较差	防爆性能较好,液压油泄露影响工作性能,有火灾危险	无发热、火灾、爆炸等问题
安装维护	安装要求随传动方式变化而变化,无管路问题;维护方便,直流有刷电动机要定时调整,更换电刷	安装维护要求高,油液要定期过滤更换,密封件要定期更换	安装要求不太高,维护简单
应用范围	适用于中小负载、要求具有较高的位置控制精度和轨迹控制精度、速度较高的机器人,如 AC 伺服喷涂机器人、点焊机器人、弧焊机器人和装配机器人等	适用于重载、低速驱动,电液伺服系统适用于喷涂机器人、点焊机器人和搬运机器人	适用于中小负载驱动、精度要求较低的有限点位程序控制机器人,如冲压机器人本体的气动平衡及装配机器人气动夹具

4. 新型驱动方式

随着机器人技术的发展,出现了利用新工作原理制造的新型驱动方式,如磁致伸缩驱动、压电驱动、静电驱动、超声波电动机和人工肌肉等。

(1) 磁致伸缩驱动 磁性体的外部一旦加上磁场,则磁性体的外形尺寸将发生变化

（焦耳效应），这种现象称为磁致伸缩现象。此时，如果磁性体在磁化方向的长度增大，则称为正磁致伸缩；如果磁性体在磁化方向的长度减少，则称为负磁致伸缩。从外部对磁性体施加压力，则磁性体的磁化状态会发生变化（维拉利效应），称为逆磁致伸缩现象。这种驱动方式主要用于微小驱动场合。

（2）压电驱动　压电材料是一种当它受到力的作用时，其表面上会出现与外力成比例电荷的材料，又称压电陶瓷。反过来，把电场加到压电材料上，则压电材料将产生应变，输出力或变位。利用这一特性可以制成压电驱动器，这种驱动器可以达到驱动亚微米级的精度。

（3）静电驱动　静电驱动是利用电荷间的吸力和排斥力互相作用来顺序驱动电极而产生平移或旋转运动。因静电作用属于表面力，它和元件尺寸的二次方成正比，当元件有微小尺寸变化时，能够产生很大的能量。

（4）超声波电动机　超声波电动机是利用超声波振动作为驱动力的一种驱动器，由振动部分和移动部分所组成，靠振动部分和移动部分之间的摩擦力进行驱动。

超声波电动机具有体积小、重量轻、不用制动器、不需配合减速装置就可以低速运行，速度和位置控制灵敏度高、转子惯性小、响应性能好、没有电磁噪声等优点。因此，很适合用于驱动机器人、照相机和摄像机等。

（5）人工肌肉　随着机器人技术的发展，驱动器从传统的电动机→减速器的机械运动机制，向骨架→腱→肌肉的生物运动机制发展。人的手臂能完成各种柔顺作业，为了实现骨骼→肌肉的部分功能而研制的驱动装置称为人工肌肉。

为了更好地使模拟生物体的运动功能在机器人上应用，已研制出了多种不同类型的人工肌肉，如利用机械化学物质的高分子凝胶和形状记忆合金制作的人工肌肉。

5. 驱动方式选择

驱动方式的选择应以作业要求、生产环境（如工作速度、最大搬运物重、驱动功率、驱动平稳性、精度要求）为先决条件，以价格高低、技术水平为评价标准。低速重负载时可选用液压驱动系统；中等负载时可选用电机驱动系统；轻负载时可选用电机驱动系统；轻负载、高速时可选用气动驱动系统。从事喷涂作业的工业机器人，由于工作环境需要防爆，考虑到其防爆性能，多采用电液伺服驱动系统和具有本征防爆的交流电动机伺服驱动系统。在腐蚀性、易燃易爆气体、放射性物质环境中工作的移动机器人，一般采用交流电动机伺服驱动系统。如要求在洁净环境中使用，则多要求采用直接驱动（DD）电动机驱动系统。直接驱动电动机不用减速器，因此具有无间隙、摩擦小、机械刚度高等优点，可以实现高速、高精度的位置控制和微小力控制。如要求其有较高的点位重复精度和较高的运行速度，通常在速度相对较低（≤4.5m/s）情况下，可采用交流、直流或步进电动机伺服驱动系统；在速度、精度要求均很高的条件下，多采用直接驱动（DD）电动机驱动系统。

一般说来，目前负荷为100kg以下的，可优先考虑电机驱动方式。只需点位控制且负荷较小者，或有防暴、清洁等特殊要求者，可采用气动驱动方式。负荷很大或机器人周围已有液压源的常温场合，可采用液压驱动方式。

2.3　工业机器人传动装置

工业机器人的运动是由驱动器（通过联轴器）带动传动部件（一般为减速器），再通过关节轴带动杆件运动。传动部件是工业机器人的重要部件，机器人速度快、加减速度特性好、运动平稳、精度高、承载能力大，这在很大程度上取决于传动部件的合理性和特点。工作单元往往和驱动器速度不一致，利用传动部件可以达到改变输出速度的目的。驱动器的输出轴一般是等速回转运动，而工作单元要求的运动形式则是多种多样的，如直线运动、旋转运动等，靠传动部件实现运动形式的改变。所以，传动部件是工业机器人关键部件之一。

机器人几乎使用了目前出现的绝大多数传动方式，如机械传动、流体（液体、气体）传动、电气传动。在工业机器人中常用齿轮传动、谐波传动、RV 减速器传动、蜗轮传动、链传动、同步带传动、钢丝传动、连杆及曲柄滑块传动、滚珠丝杠传动和齿轮齿条传动等。工业机器人常用传动方式对照表见表 2-2。

表 2-2　工业机器人常用传动方式对照表

序号	传动方式	特点	运动形式	传动距离	应用场合
1	齿轮传动	结构紧凑、效率高、寿命长、响应快、扭矩大，瞬时传动比恒定，功率和速度适应范围广，可实现旋转方向的改变和复合传动	转－转	近	腰、腕关节
2	谐波传动	速比大、响应快、体积小、重量轻、回差小、转矩大	转－转	近	所有关节
3	RV 减速器传动	速比大、响应快、体积小、刚度好、回差小、转矩大	转－转	近	腰、肩、肘关节，多用于腰关节
4	蜗轮传动	速比大、响应慢、体积小、刚度好、回差小、转矩大、效率低、发热大	转－转	近	腰关节、手爪机构
5	链传动	速比小、扭矩大、重量大、刚度与张紧装置有关	转－转 移－转 转－移	远	腕关节（驱动装置后置）
6	同步带传动	速比小、转矩小、刚度差、传动较均匀、平稳、能保证恒定传动比	转－转 移－转 转－移	远	所有关节一级传动
7	钢丝传动	速比小，远距离传动较好	转－转 移－转 转－移	远	腕关节、手爪
8	连杆及曲柄滑块传动	结构简单，易制造，耐冲击，能传递较大的载荷，可远距离传动，转矩一般，速比不均	移－转 转－移	远	腕关节、臂关节（驱动装置后置）
9	滚珠丝杠传动	传动平稳、能自锁、增力效果好、效率高、传动精度和定位精度均很高	转－移	远	腰、腕移动关节
10	齿轮齿条传动	效率高、精度高、刚度好、价格低	移－转 转－移	远	直动关节、手爪机构

其中，工业机器人腰关节最常用谐波传动、齿轮传动和蜗轮传动；臂关节最常用谐波传动、RV 减速器传动和连杆及曲柄滑块传动。腕关节最常用齿轮传动、谐波传动、同步带传动和钢丝传动。

1. 齿轮传动

齿轮传动是利用两齿轮的轮齿相互啮合来传递动力和运动的机械传动。按齿轮轴线的相对位置可分为平行轴圆柱齿轮传动、相交轴圆锥齿轮传动和交错轴螺旋齿轮传动。具有结构紧凑、效率高、寿命长等特点。

2. 谐波传动

谐波齿轮传动（简称谐波传动）是利用行星齿轮传动原理发展起来的一种新型减速器。它是依靠柔性零件产生弹性机械波来传递动力和运动的。谐波传动通常由 3 个基本构件组成，包括一个有内齿的钢轮，一个工作时可产生径向弹性变形并带有外齿的柔轮和一个装在柔轮内部、呈椭圆形、外圈带有柔性滚动轴承的波发生器，如图 2-26 所示。

图 2-26　谐波传动结构

通常波发生器为主动件，钢轮和柔轮一个为从动件，另一个为固定件。当波发生器装入柔轮内孔时，由于前者两滚子外侧之间的距离略大于后者的内孔直径，故柔轮变为椭圆形，于是在椭圆的长轴两端产生了柔轮与钢轮轮齿的两个局部啮合区；同时在椭圆短轴两端，两轮轮齿则完全脱开。其余各处，则视柔轮回转方向的不同，或处于啮合状态，或处于非啮合状态。当波发生器连续转动时，柔轮长短轴的位置不断变化，从而使轮齿的啮合处和脱开处也随之不断变化，于是实现柔轮相对钢轮沿波发生器相反方向的缓慢旋转，从而传递运动。工业机器人中通常采用波发生器主动、钢轮固定、柔轮输出的形式。

谐波传动中，齿与齿的啮合是面接触，加上同时啮合齿数（重叠系数）比较多，因而单位面积载荷小，承载能力较其他传动形式高；谐波齿轮传动的传动比 $i=70 \sim 500$，同时具有体积小、重量轻、传动效率高、寿命长、传动平稳、无冲击、无噪音、运动精度高等优点，广泛应用于小型的六轴搬运及装配工业机器人中。由于柔轮承受较大的交变载荷，因而对柔轮材料的抗疲劳强度、加工和热处理要求较高，工艺复杂。

3. RV 减速器传动

如图 2-27 所示，与谐波传动相比，RV 减速器传动最显著的特点是刚性好，其传动刚度为谐波传动的 $2 \sim 6$ 倍，但重量却只增加了 $1 \sim 3$ 倍。高刚度作用时，可以大大提高整机的固有频率，降低振动；在频繁加、减速的运动过程中，可以提高响应速度并降低能量消耗。RV 减速器传动具有长期使用不需再加润滑剂、寿命长、减速比大、低振动、高精度、保养便利等优点，适合在机器人上使用。它的传动效率为 0.8，RV 减速器传动的缺点是重量重、外形尺寸较大。RV 减速器是工业机器人上应用的主流减速机类型，主要应用于大型的焊接及搬运机械手。

4. 滚珠丝杠传动

如图 2-28 所示，滚珠丝杠传动采用一个旋转的精密丝杠驱动一个螺母沿着丝杠轴向移动，从而将丝杠的旋转运动转化成螺母的直线运动，螺母槽里放置了很多滚珠，在丝杠传动过程中以滚珠的滚动摩擦代替滑动摩擦，利用螺杆和螺母的啮合来传递动力和运动。滚珠丝杠传动效率高，而且传动精度和定位精度均很高，在传动时灵敏度和平稳性亦很好；由于磨损小，使用寿命比较长，但丝杠及螺母的材料、热处理和加工工艺要求很高，故成本较高，不能自锁。工业机器人中主要用于将旋转运动转换成直线运动，将转矩转换成推力。

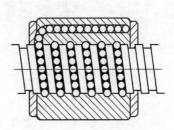

图 2-27　RV 减速器传动　　　　　　　图 2-28　滚珠丝杠传动

　　滚珠的循环方式有内循环式和外循环式两种，如图 2-29 所示，内循环式的滚珠在循环过程中始终没有脱离丝杠。内循环式优点是结构紧凑、定位可靠、刚性好、返回滚道短、不易发生滚珠堵塞；缺点是结构复杂、制造较困难。外循环式的滚珠在循环过程中脱离过丝杠，每一列钢珠转几圈后经插管回珠器返回。外循环式结构制造工艺简单、挡珠器刚性差、易磨损，其滚道接缝处很难做得平滑，影响滚珠滚动的平稳性，甚至发生卡珠现象，噪声也较大。

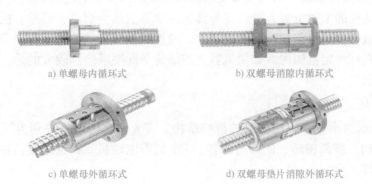

a) 单螺母内循环式　　　　　　　　b) 双螺母消隙内循环式

c) 单螺母外循环式　　　　　　　　d) 双螺母垫片消隙外循环式

图 2-29　滚珠的循环方式

5. 齿轮齿条传动

齿轮齿条传动是把齿轮的旋转运动转化为齿条的往复移动，或者把齿条的往复移动转化为齿轮的旋转运动。齿轮齿条传动如图 2-30 所示。

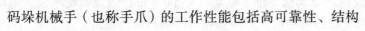

码垛机械手（也称手爪）的工作性能包括高可靠性、结构　　图 2-30　齿轮齿条传动

简单新颖、质量小等，其参数对码垛机器人的整体工作性能具有非常重要的意义。可根据不同的产品，设计不同类型的码垛机械手，使得码垛机器人具有效率高、质量好、适用范围广、成本低等优势，并能很好地完成码垛工作。常用的码垛机械手主要包括夹爪式机械手（见图2-31a），主要用于高速码跺；夹板式机械手（见图2-31b），主要适用于箱盒码垛；真空吸取式机械手（见图2-31c），主要适用于可吸取的码放物；混合抓取式机械手，适用于几个工位的协作抓放。

a) 夹爪式机械手　　　　　　b) 夹板式机械手　　　　　c) 真空吸取式机械手

图 2-31　码垛机械手

目前各大工业机器人厂商提供的六轴关节机器人结构从外观上看大同小异、相差不大，从本质上来说，其结构应该都是一致的，具体如下：

1）第一关节旋转轴（机座旋转轴）、第四关节旋转轴、第六关节旋转轴（手腕端部法兰安装盘的旋转中心）在同一个平面内。

2）第二关节旋转轴、第三关节旋转轴以及第五关节旋转轴互相平行，而且与前面提到的平面垂直。

3）第四关节旋转轴线、第五关节旋转轴线以及第六关节旋转轴线相交于一点。

采用该种结构的工业机器人可以使得其运动学算法最为简单、可靠。机器人要保证高的定位精度，就必须尽可能地满足上述条件，通过机械加工及装配精度来保证最终的机器人运行精度控制在一定范围内。如果机器人的结构与此要求差别较大的话，难以满足实际生产应用的需求。

1. 机械结构

图2-32所示为小型六轴机器人的机械结构，有6个自由度，分别为腰部旋转，肩部旋转，肘部转动，腕部偏转、俯仰与翻转。6个伺服电动机直接通过谐波减速器等驱动6个关节轴的旋转。

（1）腰部旋转　由机座内的交流伺服电动机（轴1电动机）和谐波齿轮组成，实现立柱回转。

（2）肩部旋转　由肩部的交流伺服电动机（轴2电动机）和谐波齿轮组成，实现肩关节旋转。

（3）肘部转动　由肩部的交流伺服电动机（轴3电动机）和谐波齿轮组成，实现肘部转动。

（4）腕部偏转　以小臂中心线为轴线，由交流伺服电动机（轴4电动机）和谐波减速器组成，实现手腕偏转运动。为减小转动惯量，电动机安装在肘关节处，和肘关节电动机交错安装。

（5）腕部俯仰　由交流伺服电动机（轴5电动机）、同步带、谐波齿轮组成，电动机安装在小臂内部末端。实现手腕俯仰运动，俯仰轴和偏转轴的轴线垂直。

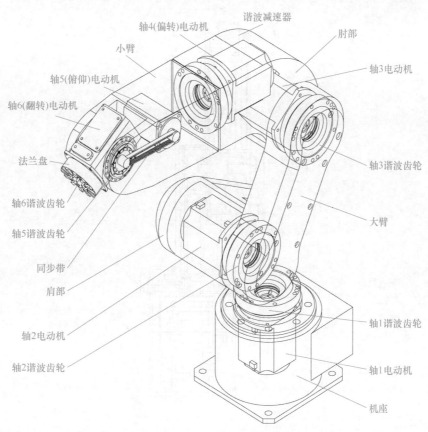

图 2-32 小型六轴机器人的机械结构

（6）腕部翻转 由交流伺服电动机（轴 6 电动机）、谐波齿轮和法兰盘组成，电动机安装在腕部。实现手腕翻转运动，俯仰轴和翻转轴的轴线垂直，末端执行器通过法兰盘安装在腕部末端。

注意观察轴 1、2、3、4 的结构，其上的驱动电动机为空心结构，尺寸一般较大。采用空心轴电动机的优点是机器人各种控制管线可以从电动机空心轴中直接穿过，无论关节轴怎么旋转，管线都不会随着旋转，即使旋转，管线由于布置在旋转轴线上，所以具有最小的旋转半径。此种结构较好地解决了工业机器人的管线布局问题。

2. 驱动方式

图 2-33 所示为 5 自由度机器人驱动方式示意图，该机器人采用电机驱动方式，有 5 个自由度，分别为腰部旋转、肩部旋转、肘部转动、腕部俯仰与腕部翻转。各关节均为交流伺服电动机驱动，末端执行器（有开闭动作时）常采用气动方式。

（1）腰部旋转（图中未标出） 由交流伺服电动机 M_1 通过一对齿轮传动，实现立柱回转 n_1。

（2）肩部旋转 由交流伺服电动机 M_2、同步带传动 B_2 和减速器 R_2 组成，实现肩关节旋转 n_2。

（3）肘部转动 由交流伺服电动机 M_3，两级同步带传动 B_3、B_3' 和减速器 R_3 组成，实现肘部转动 n_3。为减小转动惯量，电动机安装在肩部。

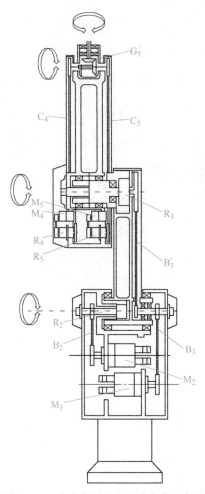

图 2-33 5 自由度机器人驱动方式示意图

（4）腕部俯仰 由交流伺服电动机 M_4、减速器和链轮副 C_4 组成，实现腕部俯仰运动 n_4。为减小转动惯量，电动机安装在肘关节处。

（5）腕部翻转 由交流伺服电动机 M_5、减速器 R_5 和链轮副 C_5 和锥齿轮副 G'_5 组成，实现腕部翻转运动 n_5。为减小转动惯量，电动机安装在肘关节处，和实现腕部俯仰运动电动机 M_4 平行安装。

一、训练任务

为使学生加深对本项目所学知识的理解，达到培养学生分析问题的能力。本项目训练任务为分析工业机器人各部分的机械结构、工作原理，并初步掌握其操作方法。在此基础上，尝试利用学过的三维绘图软件，如 Solidworks 等，设计一个固定机座机器人，它的末端可以在三维工作空间内沿任意轨迹运动（只要求机器人末端的运动轨迹，对机器人末端的姿态不做要求），并尽可能解决以下问题：

　　1）至少需要几个自由度？

　　2）设计机器人本体的结构（包括驱动电动机和传动装置），并考虑管线布局问题。

二、训练内容

　　本项目训练内容可参考表 2-3，训练设备可以是实训室的工业机器人，也可以是自选的工业机器人。

表 2-3　工业机器人机械系统分析训练任务单

学习主题	工业机器人机械系统分析	
重点难点	重点：正确选择由连杆和运动副（关节）组成的坐标系形式；末端执行器在设计时的注意事项 难点：谐波传动在工业机器人的应用；手腕传动结构的设计	
训练目标	知识能力目标	1）通过学习，能够掌握工业机器人末端执行器、手腕、手臂和机座等驱动方式、机械结构的组成和特点 2）能够根据工业机器人的功能要求正确选择工业机器人的主体结构形式，并进行传动方案的设计
	素养目标	1）提高解决实际问题的能力，具有一定的专业技术理论 2）养成独立工作的习惯，能够正确制订工作计划 3）培养学生良好的职业素质及团队协作精神
参考资料学习资源	教材、图书馆相关书籍；课程相关网站；网络检索等	
学生准备	教材、笔、笔记本、练习纸（参观实训室，注意了解机器人的各分解部件）	
工作任务	任务步骤	任务内容	任务实现描述
	明确任务	提出任务	
	分析过程 （学生借助于参考资料、教材和教师提出的引导问题，自己做一个工作计划，并拟定出检查、评价工作成果的标准要求）	工业机器人驱动方式	
		工业机器人末端执行器结构及传动方式	
		工业机器人手腕结构及传动方式	
		工业机器人手臂结构及传动方式	
		工业机器人腰部结构及传动方式	
		工业机器人机身结构及传动方式	

三、训练评价

　　请在表 2-4 教学检查与考核评价表里进行学生自评、小组互评和教师评价。

表 2-4　教学检查与考核评价表

检查项目	检查结果及改进措施	分值	学生自评	小组互评	教师评价
练习结果正确性		20分			
知识点的掌握情况 （应侧重于机械结构、传动方式）		40分			
能力控制点检查		20分			
课外任务完成情况		20分			
综合评价	学生自评：　　　　　小组互评：　　　　　教师评价：				

项 目 总 结

　　本项目从工业机器人的本体机械结构出发，重点对机器人的驱动方式、传动方式以及机器人的末端执行器、手腕、手臂等的机械结构进行了介绍。工业机器人的其他部分必须与机械系统相匹配，相辅相成，组成一个完整的机器人系统。不同应用领域的机器人，其机械结构差异也比较大，使用要求是机器人机械系统设计的出发点。

　　对小负载机器人，第五、六关节电动机一般配置在小臂内部，第五、六关节传动链之间有交叉耦合；对大负载机器人，第四、五、六关节电动机一般配置在肘关节附近，第四、五、六关节传动链之间有交叉耦合。

　　目前各大工业机器人厂商提供的六轴关节机器人的结构从外观上看大同小异，相差不大，从本质上来说，其结构应该都是一致的，即其第一关节旋转轴（机座旋转轴）、第四关节旋转轴、第六关节旋转轴（手腕端部法兰安装盘的旋转中心）在同一个平面内；第二关节旋转轴、第三关节旋转轴以及第五关节旋转轴互相平行，而且与前面提到的平面垂直；另外，还需要保证第四关节旋转轴线、第五关节旋转轴线以及第六关节旋转轴线相交于一点。采用该种结构的工业机器人可以使得其运动学算法最为简单、可靠。机器人要保证高的定位精度，就必须尽可能地满足上述条件，通过机械加工及装配精度来保证最终的机器人运行精度控制在一定范围内。如果机器人的结构与此要求差别较大的话，难以满足实际生产应用的需求。

思考与习题

　　2-1　选择题
　　（1）机械结构系统由机身、手臂、手腕、（　　　）4大件组成。
　　A. 末端执行器　　　　　　　　　　　　B. 步进电动机
　　C. 3相直流电动机　　　　　　　　　　D. 驱动器
　　（2）工业机器人的（　　　）是连接末端执行器与手臂的部件，起支承末端执行器的作用。
　　A. 机座　　　　　　　B. 腕部　　　　　　　C. 驱动器　　　　　　　D. 传感器
　　（3）远距离转动的 RBR 手腕有（　　　）个轴。
　　A. 6　　　　　　　　B. 5　　　　　　　　C. 3　　　　　　　　D. 2
　　（4）以下（　　　）机构属于旋转传动机构。
　　A. 谐波齿轮　　　　　B. 齿轮齿条装置　　　C. 普通丝杠　　　　　D. 滚珠丝杠
　　（5）末端执行器的位姿是由（　　　）构成的。
　　A. 位置与速度　　　　　　　　　　　　B. 姿态与位置
　　C. 位置与运行状态　　　　　　　　　　D. 姿态与速度
　　（6）机器人末端执行器（手部）的力量来自（　　　）。
　　A. 机器人的全部关节
　　B. 机器人手部的关节

C. 决定机器人末端执行器位置的各关节

D. 决定机器人末端执行器位姿的各个关节

（7）为使手部具有翻转、俯仰和偏转运动，（　　）手腕结构应用最为广泛。

A. RBR　　　　　　　　B. BBR　　　　　　　　C. RR　　　　　　　　D. 3R

（8）工业机器人的末端执行器主要有夹持式、磁吸式、气吸式 3 种。气吸式靠
（　　）把吸附头与物体压在一起，实现物体的抓取。

A. 机械手指　　　　　　　　　　　　B. 电线圈产生的电磁力

C. 大气压力　　　　　　　　　　　　D. 夹紧力

2-2　机器人末端执行器有几种？试述每种工作原理。

2-3　机器人手腕有几种？试述每种手腕结构的特点。

2-4　机器人手臂有几种？试述每种手臂结构的特点。

2-5　机器人机座有几种？试述每种机座结构的特点。

2-6　工业机器人驱动机构有几种？试述每种机构的结构及原理。

2-7　工业机器人传动机构有几种？试述每种机构的结构及原理。

项目 3

工业机器人控制系统与传感器

项目目标

➤知识目标：掌握工业机器人控制系统组成与功能；重点掌握工业机器人控制系统的工作方式，常用传感器的原理及特点。

➤能力目标：能熟练使用常用传感器进行工业机器人设计；掌握工业机器人控制系统的工作方式及使用要求，工业机器人常用传感器的使用。

➤素养目标：通过学习工业机器人的控制系统，培养学生的理性思维和勇于探究的精神；通过了解工业机器人的传感器，加强学生的理想信念；通过了解智能控制器的发展状况，使学生树立建设科技强国的信念。

项目分析

工业机器人的控制系统类似于人的大脑，是工业机器人的指挥中心，而工业机器人具有的"智能"特点，是因为传感器就像人的眼睛、耳朵、鼻子一样，能够感受到周围环境的信息，并把这些信息传递给机器人的控制系统。本项目重点是通过对传感器的认识，让学生了解机器人中的传感器是如何发挥作用的，从而对机器人的智能处理过程有一个初步的感受。

机器人控制技术是机器人的关键技术。工业机器人的控制系统使执行机构按照要求工作。传感器是工业机器人的感觉器官，是一种电子元件或装置，能响应或感知被测物理量或化学量，并按一定规律转换成电信号，以供机器人处理器识别。本项目分析工业机器人的控制系统与传感器。

项目知识

3.1 工业机器人控制系统基础知识

工业机器人控制系统的主要作用是根据用户的指令对机构本体进行操作和控制，以完成作业要求的各种动作。为了使机器人能够按照要求去完成特定的作业任务，需要以下四个工作过程：

（1）示教过程　以工业机器人控制系统可以接受的方式，告诉机器人去做什么，给机器人作业指令。

（2）计算与控制　负责整个机器人系统的管理、信息获取及处理、控制策略的制定、作业轨迹的规划等任务，这是工业机器人控制系统的核心部分。

（3）伺服驱动　根据不同的控制算法，将机器人的控制策略转化为驱动信号，驱动伺服电动机等驱动部分，实现机器人高速、高精度运动，去完成指定的作业。

（4）传感与检测　通过传感器的反馈，保证机器人正确地完成指定作业，同时也将各种姿态信息反馈到工业机器人控制系统中，以便实时监控整个系统的运动情况。

3.1.1　工业机器人控制系统的特点

机器人要运动，就要对它的位置、速度、加速度以及力或力矩等进行控制，由于机器人是一个空间开链机构，其各个关节的运动是独立的，为了实现末端点的运动轨迹，需要多关节的协调运动。因此工业机器人的控制系统与普通的控制系统相比要复杂得多，工业机器人控制系统的具体特点如下：

1）普通的控制系统是以自身的运动为重点，而工业机器人的控制系统更看重本体与操作对象的相互关系。无论多么高的精度控制手臂，机器人必须能夹持并操作物体到达目标位置。

2）工业机器人的控制系统与机构运动学及动力学密切相关。机器人末端执行器的状态可以在各种坐标系下进行描述，应当根据需要选择不同的参考坐标系，并做适当的坐标变换。经常要求正向运动学和反向运动学的解，此外还要考虑惯性力、外力（包括重力）、哥氏力及向心力的影响。

3）一般工业机器人有 3～6 个自由度，每个自由度一般包含一个伺服系统，把多个独立的伺服系统有机地协调起来，使其按照人的意志行动，甚至赋予机器人一定的"智能"，这个任务只能由计算机来完成，因此机器人控制系统必须是一个计算机控制系统。

4）描述机器人状态和运动的数学模型是一个非线性模型，随着状态的不同和外力的变化，其参数也在变化，各变量之间还存在耦合。因此，仅仅利用位置闭环是不够的，还要利用速度甚至加速度闭环。控制系统中经常使用重力补偿、前馈、解耦或自适应控制等方法。

5）工业机器人的动作往往可以通过不同的方式和路径来完成，因此存在一个"最优"的问题。较高级的工业机器人可以用人工智能的方法，用计算机建立庞大的信息库，借助于信息库进行控制、决策、管理和操作；根据传感器和模式识别的方法获得对象及环境的工况；按照给定的指标要求，自动地选择最佳的控制规律。

3.1.2　工业机器人控制系统的基本功能与组成

1. 工业机器人控制系统的基本功能

机器人控制系统基本功能如下：

（1）记忆功能　存储作业顺序、运动路径、运动方式、运动速度和与生产工艺有关的信息。

（2）示教功能　包括离线编程、在线示教和间接示教。在线示教包括示教器示教和导引示教两种。

（3）与外围设备联系功能　包括输入和输出接口、通信接口、网络接口和同步接口。

（4）坐标设置功能　有关节、绝对、工具、用户自定义4种坐标系。

（5）人机接口　包括示教器、操作面板和显示屏。

（6）传感器接口　包括位置检测、视觉检测、触觉检测、力觉检测等。

（7）位置伺服功能　包括机器人多轴联动、运动控制、速度和加速度控制和动态补偿等。

（8）故障诊断安全保护功能　包括运行时系统状态监视、故障状态下的安全保护和故障自诊断。

2. 工业机器人控制系统的组成

工业机器人的控制系统一般分为上、下两个控制层次：上级为组织级，其任务是将期望的任务转化为运动轨迹或适当的操作，并随时检测机器人各部分的运动及工作状况，处理意外事件；下级为实时控制级，它根据机器人动力学特性及机器人当前运动情况，综合出适当的控制命令，驱动机器人完成指定的运动和操作。

工业机器人控制系统主要包括硬件和软件两部分。硬件主要有传感装置、控制装置和关节伺服驱动部分。软件主要指控制软件，包括运动轨迹规划算法和关节伺服控制算法等动作程序。

一个完整的工业机器人控制系统包括以下几个部分：

（1）控制计算机　控制系统的调度指挥机构。一般为微型机和微处理器。

（2）示教器　示教机器人的工作轨迹和设定参数，以及完成所有人机交互操作，拥有自己独立的CPU以及存储单元，与主计算机之间实现信息交互。

（3）操作面板　由各种操作按键、状态指示灯构成，只完成基本功能操作。

（4）存储硬盘　存储机器人工作程序的外围存储器。

（5）数字和模拟量输入/输出　各种状态和控制命令的输入或输出。

（6）打印机接口　记录需要输出的各种信息。

（7）传感器接口　用于信息的自动检测，实现机器人柔顺控制，一般为力觉、触觉和视觉传感器。

（8）轴控制器　完成机器人各关节位置、速度和加速度控制。

（9）辅助设备控制　用于和机器人配合的辅助设备的控制，如手爪变位器等。

（10）通信接口　实现机器人和其他设备的信息交换，一般有串行接口和并行接口等。

（11）网络接口　主要由Ethernet接口和Fieldbus接口构成。Ethernet接口可通过以太网实现数台或单台机器人的直接计算机通信，数据传输速率高达10Mbit/s，可直接在计算机上用Windows库函数进行应用程序编程后，通过该接口将数据及程序下载到各个机器人控制器中；Fieldbus接口支持多种流行的现场总线规格，如Device net、Profibus-DP等。

3.1.3　工业机器人控制方式

1. 按工业机器人运动控制方式分类

可分为位置控制、速度控制、力（力矩）控制及智能控制。

（1）位置控制方式　机器人位置控制的目的就是要使机器人各关节实现预先规划的运

动，最终保证机器人终端（手爪）沿预定的轨迹运行。机器人位置控制又分为点位控制和连续轨迹控制。

1）点位控制方式。点位控制又称为 PTP 控制，机器人以最快和最直接的路径（省时省力）从一个端点移到另一个端点。通常用于重点考虑终点位置，而对中间的路径和速度不做主要限制的场合。实际工作路径可能与示教时不一致。其特点是只控制机器人末端执行器在作业空间中某些规定的离散点上的位姿。这种控制方式的主要技术指标是定位精度和运动所需的时间。常常被应用在上下料、搬运、点焊和在电路板上插接元器件等定位精度要求不高且只要求机器人在目标点处保持末端执行器具有准确位姿的作业中。

2）连续轨迹控制方式。连续轨迹控制又称为 CP 控制，其特点是连续地控制机器人末端执行器在作业空间中的位姿，要求其严格地按照预定的路径和速度在一定的精度范围内运动。这种控制方式的主要技术指标是机器人末端执行器位姿的轨迹跟踪精度及平稳性。通常弧焊、喷漆、切割、去毛边和检测作业的机器人都采用这种控制方式。

有的机器人在设计控制系统时，兼有两种控制方式，如装配作业的机器人。

（2）速度控制方式　对机器人运动控制而言，在位置控制的同时，还要进行速度控制。如，在连续轨迹控制方式的情况下，机器人按预定的指令控制运动部件的速度和实行加、减速，以满足运动平稳、定位准确的要求。为了实现这一要求，机器人的行程要遵循一定的速度 – 时间曲线，如图 3-1 所示。由于机器人是一种工作情况（行程负载）多变、惯性负载大的运动机械，要处理好快速与平稳的矛盾，必须控制起动加速和停止前的减速这两个过渡运动区段。

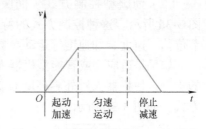

图 3-1　机器人行程的速度 – 时间曲线

（3）力（力矩）控制方式　在进行装配或抓取物体等作业时，机器人末端执行器与环境或作业对象的表面接触，除要求准确定位之外，还要求使用适度的力或力矩进行工作，这时就要采取力（力矩）控制方式。力（力矩）控制是对位置控制的补充，这种方式的控制原理与位置伺服控制原理基本相同，只不过输入量和反馈量不是位置信号，而是力（力矩）信号，因此，系统中有力（力矩）传感器，有时也利用接近觉、滑觉等功能进行适应性控制。

（4）智能控制方式　机器人的智能控制是通过传感器获得周围环境的信息，并根据自身内部的信息库做出相应的决策。采用智能控制技术，可使机器人具有较强的环境适应性及自学习能力。智能控制技术的发展有赖于近年来的人工网络、基因算法、专家系统等人工智能的迅速发展。

2. 按机器人控制是否带反馈分类

（1）非伺服型控制方式　非伺服型控制方式主要指未采用反馈环节的开环控制方式，另外还有带开关反馈的非伺服型，如图 3-2 所示。

在未采用反馈环节的开环控制方式下，机器人作业时严格按照在进行作业之前预先编制的控制程序来控制机器人的动作顺序，在控制过程中没有反馈信号，不能对机器人的作业进展及作业的质量好坏进行监测。因此，这种控制方式只适用于作业相对固定、作业程序简单、运动精度要求不高的场合，它具有费用低，操作、安装、维护简单的优点。

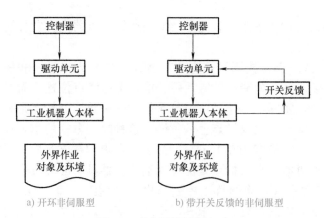

a) 开环非伺服型　　　　　　b) 带开关反馈的非伺服型

图 3-2　非伺服型控制方式

在带开关反馈的非伺服型控制方式中，采用内部传感器测量机器人的关节位移运动参数，并反馈到驱动单元构成闭环伺服控制。

（2）伺服型控制方式　伺服型控制方式是指采用了反馈环节的闭环控制方式，如图 3-3a 所示。这种控制方式的特点是在控制过程中采用内部传感器连续测量机器人的关节位移、速度、加速度等运动参数，并反馈到驱动单元构成闭环伺服控制。

如果是适应型或智能型机器人的伺服控制，则增加了机器人用外部传感器对外界环境的检测，使机器人对外界环境的变化具有适应能力，从而构成总体闭环反馈的伺服型控制方式，如图 3-3b 所示。

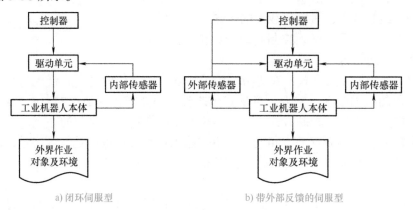

a) 闭环伺服型　　　　　　　b) 带外部反馈的伺服型

图 3-3　伺服型控制方式

3.1.4　工业机器人控制功能

1. 示教再现功能

示教再现功能是指示教人员预先将机器人作业的各项运动参数教给机器人，在示教的过程中，机器人控制系统的记忆装置就将所教的操作过程自动地记录在存储器中。当需要机器人工作时，机器人的控制系统就调用存储器中存储的各项数据，使机器人再现示教过的操作过程，由此机器人即可完成要求的作业任务。

机器人的示教再现功能易于实现，编程方便，在机器人的初期得到了较多的应用。

2. 运动控制功能

运动控制功能是指通过对机器人末端执行器在工作空间的位姿、速度、加速度等项的控制，使机器人的末端执行器按照作业的要求进行动作，最终完成给定的作业任务。

运动控制功能与示教再现功能的区别：在示教再现控制中，机器人末端执行器的各项运动参数是由示教人员教给它的，其精度取决于示教人员的熟练程度。而在运动控制中，机器人末端执行器的各项运动参数是由机器人的控制系统经过运算得来的，在工作人员不能示教的情况下，通过编程指令仍然可以控制机器人完成给定的作业任务。

3.2　工业机器人传感器基础知识

工业机器人的
控制与传感器
技术

3.2.1　常用传感器分类

机器人的控制系统相当于人类大脑，执行机构相当于人类四肢，传感器相当于人类的五官。因此，要让机器人像人一样接收和处理外界信息，机器人传感器技术是机器人智能化的重要体现。

传感器是机器人实现感觉的必要手段，通过传感器的感觉作用，将机器人自身的相关特性或物体相关的特性转化为机器人执行某项功能时所需要的信息。根据传感器在机器人上应用的目的和使用范围不同，可分为内部传感器和外部传感器，工业机器人常用传感器见表 3-1。

表 3-1　工业机器人常用传感器

	传感器	检测内容	检测器件	应用
内部传感器	位置	规定位置 规定角度	限位开关、光电开关	规定位置检测 规定角度检测
	位置	位置 角度	电位器、直线感应同步器 角度式电位器、光电编码器	位置移动检测 角度变化检测
	速度	速度	测速发电机、增量式码盘	速度检测
	加速度	加速度	压电式加速度传感器、压阻式加速度传感器	加速度检测
外部传感器	触觉	接触 把握力 荷重 分布压力 多元力 力矩 滑动	限制开关 应变计、半导体感压元件 弹簧变位测量器 导电橡胶、感压高分子材料 应变计、半导体感压元件 压阻元件、马达电流计 光学旋转检测器、光纤	动作顺序控制 把握力控制 张力控制、指压控制 姿势、形状判别 装配力控制 协调控制 滑动判定、力控制
	接近觉	接近 间隔 倾斜	光电开关、霍尔开关 光电晶体管、光电二极管 电磁线圈、超声波传感器	动作顺序控制 障碍物躲避 轨迹移动控制、探索
	视觉	平面位置 距离 形状 缺陷	摄像机、位置传感器 测距仪 线图像传感器 画图像传感器	位置决定、控制 移动控制 物体识别、判别 检查，异常检测
	听觉	声音 超声波	传声器 超声波传感器	语言控制（人机接口） 导航
	嗅觉	气体成分	气体传感器、射线传感器	化学成分探测

内部传感器装在工业机器人本体上，包括位移、速度、加速度传感器，是为了检测机器人自身状态（如手臂间角度，机器人运动过程中的位置、速度和加速度等），其信号在伺服控制系统中作为反馈信号。

外部传感器用于检测机器人所处的外部环境和对象状况等，如抓取对象的形状、空间位置、有没有障碍、物体是否滑落等。

3.2.2　工业机器人内部传感器

工业机器人内部传感器为测量机器人自身状态的元件，其具体的检测对象有关节的线位移、角位移等几何量，速度、角速度、加速度等运动量，以及倾斜角、方位角、振动等物理量。内部传感器中，位置传感器和速度传感器是当今机器人反馈控制中不可缺少的元件。现已有多种传感器大量应用，但倾斜角传感器、方位角传感器及振动传感器等用作机器人内部传感器的时间不长，其性能尚需进一步改进。内部传感器按功能分类主要有规定位置、规定角度的检测，位置、角度测量，速度、角速度测量和加速度测量。

1. 规定位置、规定角度的检测

检测预先规定的位置或角度，可以用开、关两个状态值，检测机器人的起始原点、越限位置或确定位置。

（1）限位开关　当规定的位移或力作用到微型开关的可动部分（称为执行器）时，开关的电气触点断开或接通。限位开关通常装在盒里，以防外力的作用和水、油、尘埃的侵蚀。

（2）光电开关　当光电开关是由 LED 光源和光电二极管或光电晶体管等光敏元件，相隔一定距离而构成的透光式开关。当基准位置的遮光片位于光源和光敏元件中间位置时，光射不到光敏元件上，从而起到开关的作用。

2. 位置、角度测量

测量机器人关节线位移和角位移的传感器是机器人位置反馈控制中必不可少的元件。常用的有电位器、旋转变压器以及编码器，下面对电位器以及编码器分别予以介绍。

（1）电位器　电位器是一种典型的位置传感器，按测量对象可分直线型（测量位移）和旋转型（测量角度）；按结构可分为导电塑料式、线绕式、混合式等滑片（接触）式和磁阻式、光标式等非接触式。

电位器式位置传感器由一个线绕电阻（或薄膜电阻）和一个滑动触点组成。其中滑动触点通过机械装置受被测量的控制。当被测量的位置发生变化时，滑动触点也发生位移，从而改变了滑动触点与电位器各端之间的电阻值和输出电压值，根据输出电压值的变化，可以检测出机器人各关节的位置和位移量。

把电阻元件弯成弧形，滑动触点的另一端固定在圆的中心可构成角度式电位计，如图 3-4 所示，这种电位计由环状的电阻器和一边与其电气接触一边旋转的电刷共同组成。当电流流过电阻器时，形成电压分布。如果这个电压分布制作成与角度成比例的形式，则从电刷上提取出的电压值，也与角度成比例。

电位器式位置传感器结构简单、性能稳定、使用方便，但分辨率不高，当电刷和电阻之间接触面磨损或有尘埃附着时会产生噪声，同时由于滑动触点和电阻器表面的磨损，使电位器的可靠性和寿命受到一定的影响。因此，在机器人尤其是工业机器人上的应用受到了极大的限制。

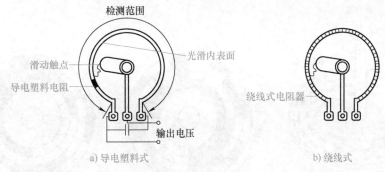

图 3-4　角度式电位计

（2）编码器　编码器是测量轴角位置和位移的方法之一，它具有很高的精确度、分辨率和可靠性。根据监测方法不同，编码器又可以分为光电式、磁场式和感应式。下面介绍光电式编码器。

光电式编码器是一种非接触的数字传感器。作为工业机器人的位移传感器，光电式编码器应用最为广泛。它的基本原理是采用红外发射接收管检测编码盘的位置或移动的方向、速度等。光电式编码器既可以套式安装也可以轴式安装，其实物图如图 3-5 所示。

图 3-5　光电式编码器实物图

按照工作原理光电式编码器可分为绝对式和增量式两类。绝对式光电编码器的每一个位置对应一个确定的数字码，因此它的示值只与测量的起始和终止位置有关，而与测量的中间过程无关。增量式光电编码器是将位移转换成周期性的电信号，再把这个电信号转变成计数脉冲，用脉冲的个数表示位移的大小。因此，用绝对式光电编码器的机器人不需要校准，只要通电，控制器就知道关节的位置。而增量式光电编码器只能提供与某基准点对应的位置信息。所以用增量式光电编码器的机器人在获得真实位置的信息以前，必须首先完成校准程序。

1）绝对式光电编码器。绝对式光电编码器由光源（发光二极管）、光电码盘、光传感器（光电晶体管）等构成。图 3-6 所示为绝对式光电编码器的原理图，其光电码盘上有 4 条码道。所谓码道就是码盘上的同心圆。光电码盘按照一定的二进制编码方式刻有透明的和不透明的区域，光电码盘的一侧安装光源，另一侧安装一排径向排列的光电晶体管，每个光电晶体管对准一个码道，当光源照射光电码盘时，光线透过光电码盘的透明区域，使光电晶体管导通，产生低电平信号，代表二进制的"0"，不透明的区域代表二进制的"1"。当被测工作轴带动光电码盘旋转时，光电晶体管输出的信息就代表了轴的对应位置，即绝对位置。

绝对式光电编码器的测量精度取决于它所能分辨的最小角度，而这与码盘上的码道数 n 有关，即最小能分辨的角度为 $360°/2^n$，分辨率为 $1/2^n$。如，4 码道编码器的最小能分辨的角度为 $360°/2^4$，分辨率为 $1/2^4$。由此可见，绝对式光电编码器码道数越多，精度越高。

光电码盘大多采用格雷码编码盘，格雷码的特点是每一相邻数码之间仅改变一位二进制数，这样，即使制作和安装不十分准确，产生的误差最多也只是最低位的一位数。

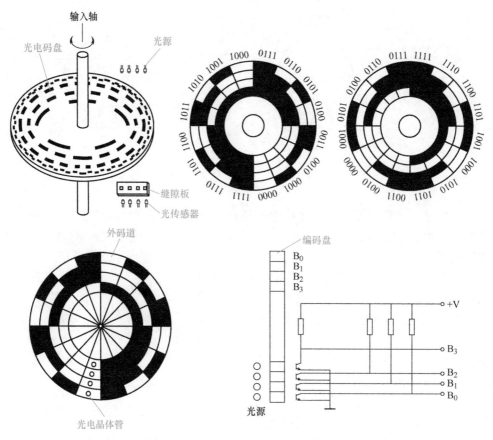

图 3-6　绝对式光电编码器的原理图

2）增量式光电编码器。增量式光电编码器主要由光源、码盘、缝隙板、光传感器和转换电路组成，如图 3-7a 所示。码盘上刻有节距相等的辐射状透光缝隙，相邻两个透光缝隙之间代表一个增量周期；缝隙板上刻有 A 组与 B 组两组狭缝，两组狭缝相对应的光传感器所产生的信号 A、B 彼此相差 90° 相位，用于辨向。当码盘正转时，A 信号超前 B 信号 90°；当码盘反转时，B 信号超前 A 信号 90°，从而可方便地判断出码盘旋转方向。当码盘随着被测轴转动时，缝隙板不动，光线透过码盘和缝隙板上的透光缝隙照射到光传感器上，光传感器就输出两组相位相差 90° 的近似于正弦波的电信号，电信号经过转换电路的信号处理，可以得到被测轴的转角或速度信息。增量式光电编码器输出波形图如图 3-7b 所示。在码盘里圈，还有一根狭缝 C，每转一圈能产生一个脉冲，该脉冲信号又称"一转信号"或零标志脉冲，可作为测量的起始基准。

增量式光电编码器的特点是每产生一个输出脉冲信号就对应于一个增量位移，但是不能通过输出脉冲分辨出是在哪个位置上的增量。它能够产生与位移增量等值的脉冲信号，其作用是提供一种对连续位移量离散化或增量化以及位移（速度）变化的传感方法。它得到的是相对于某个基准点的相对位置增量，不能够直接检测出轴的绝对位置信息。

增量式光电编码器的优点是原理构造简单、易于实现；机械平均寿命长，可达到几万小时以上；分辨率高；抗干扰能力较强，信号传输距离较长，可靠性较高。其缺点是它无法直接读出转动轴的绝对位置信息。

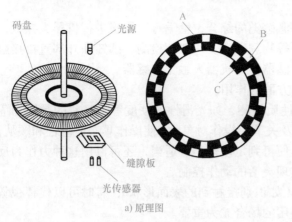
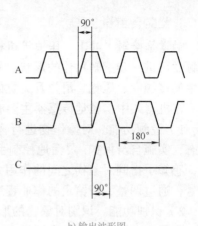

a) 原理图　　　　　　　　　　　　　　　　　　b) 输出波形图

图 3-7　增量式光电编码器的原理图及输出波形图

3. 速度、角速度测量

速度、角速度测量是驱动器反馈控制必不可少的环节。常用的速度、角速度传感器是测速发电机，测速发电机在机器人控制系统中有广泛的应用，下面介绍常用的测速发电机。

测速发电机是一种检测机械转速的电磁装置。它利用发电机原理，把机械转速变换成电压信号，无论是直流或交流测速发电机，其输出电压与输入的转速成正比关系。

$$u = K_t \omega$$

式中，ω 为转速，u 为输出电压，K_t 为测速发电机输出电压的斜率。

当转子改变旋转方向时，测速发电机改变输出电压的极性或相位。直流测速发电机的结构原理如图 3-8 所示。

测速发电机转子与机器人关节伺服驱动电动机相连，就能测出机器人运动过程中关节转动速度。

4. 加速度测量

随着机器人的高速比、高精度化，机器人的振动问题提上日程。为了解决振动问题，有时在机器人的运动手臂等位置安装加速度传感器，测量振动加速度，并把它反馈到驱动器上。常用的有应变片加速度传感器、伺服加速度传感器和压电感应加速度传感器等。

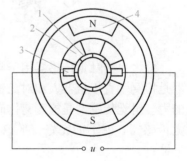

图 3-8　直流测速发电机的结构原理

1—换向器　2—转子线圈　3—电刷

4—永久磁铁

3.2.3　工业机器人外部传感器

为了检测作业对象、环境或机器人与它们的关系，在机器人上安装了触觉传感器、接近觉传感器、视觉传感器和听觉传感器，这大大改善了机器人工作状况，使其能够更充分地完成复杂的工作。

由于外部传感器为集多种学科于一身的产品，有些方面还在探索之中，随着外部传感器的进一步完善，机器人的功能越来越强大，将在许多领域为人类做出更大贡献。

1. 触觉传感器

触觉是接触、冲击、压迫等机械刺激感觉的综合，触觉可以用来进行机器人抓取，利用触觉可进一步感知物体的形状、软硬等物理性质。一般把检测、感知和外部直接接触而产生的接触觉、压觉、滑觉及力觉的传感器称为机器人触觉传感器。

在机器人中，触觉传感器主要有两方面的作用。

1）检测功能。对操作物进行物理性质检测，如光滑性、硬度等。其目的是感知危险状态，实施自身保护；灵活地控制手爪及关节以操作对象物；使操作具有适应性和顺从性。如，感知手指同对象物之间的作用力，便可判定动作是否适当，还可以用这种力作为反馈信号，通过调整，使给定的作业程序实现灵活的动作控制。

2）识别功能。识别对象物的形状（如识别接触到的表面形状），有时可以代替视觉进行一定程度的形状识别，在视觉无法使用的场合尤为重要。

如图 3-9 所示，触觉传感器安装在机器人的手指上，用来判断工作中各种状况；用压觉传感器控制握力；如果物件较重，则靠滑觉传感器来检测滑动，修正设定的握力来防止滑动；靠力觉传感器控制与被测物体重量和转矩相对应的力，或举起或移动物体，另外，力觉传感器在旋紧螺母、轴与孔的嵌入等装配工作中也有广泛的应用。

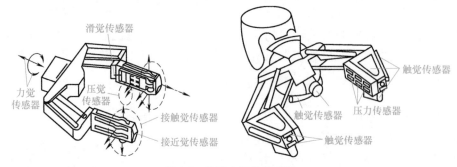

图 3-9　机器人触觉传感器

总之，接触觉传感器用于判断手指与被测物是否接触以及接触图形的检测；压觉传感器是检测垂直于机器人和对象物接触面上的力；力觉传感器是检测机器人动作时各自由度的力。滑觉传感器是检测物体向着垂直于手指把握面的方向滑动或变形。机器人若没有触觉传感器，就不能完好、平稳地抓住纸做的杯子，也不能握住工具。下面介绍这几种传感器：

（1）接触觉传感器　接触觉传感器检测机器人是否接触目标或环境，用于寻找物体或感知碰撞。根据接触觉传感器的输出，机器人可以感受和搜索对象物，感受手爪和对象物之间的相对位置和姿态，并修正手爪的操作状态。一般来说，接触觉传感器可以分为简单的接触觉传感器和复杂的接触觉传感器。前者只能探测是否和周围物体接触，只传递一种信息，如限位开关、微动开关等；后者不仅能够探测是否和周围物体接触，而且能够感知被探测物体的外轮廓。

图 3-10 为开关式接触觉传感器，它只有 0 和 1 两个信号，用于表示接触与不接触。图 3-10a 为电极式接触觉传感器，在电极和柔性导体（金属薄片）之间留有间隙，当施加外力时，受压部分的柔性导体（金属薄片）和柔性绝缘体（橡胶层）发生变形，利用柔性导体（金属薄片）和电极之间的接通状态形成接触觉。图 3-10b 光电开关式接触觉传感

器，由发射器、接收器和检测电路等组成。发射器对准接收器发射光束，当接触物体时，挡光杆下移，光束被中断，会产生一个开关信号变化。

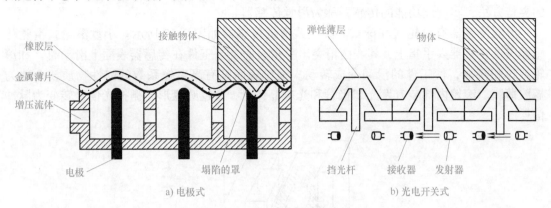

a) 电极式　　　　　　　　　　　　　　　b) 光电开关式

图 3-10　开关式接触觉传感器

开关式接触觉传感器外形尺寸十分大，空间分辨率低。

（2）压觉传感器　压觉传感器又称压力觉传感器，是安装于机器人手指上的，用于感知被接触物体压力值大小的传感器。

压觉传感器可分为单一输出值压觉传感器和多输出值的分布式压觉传感器。压觉传感器大多处于实验室研究阶段，目前普遍是利用材料的物理特性去开发传感器。常见的碳纤维便是其中一种，当受到某一压力作用时，碳纤维阻抗发生变化，从而达到测量压力的目的。碳纤维具有重量小、丝细、机械强度高等特点。另一种典型材料是导电硅橡胶，利用其阻抗随压力变化而变化达到测量目的。导电硅橡胶具有柔性好、有利于机械手抓握等优点，但灵敏度低、机械滞后性大。图 3-11 所示为半导体高密度智能压觉传感器。

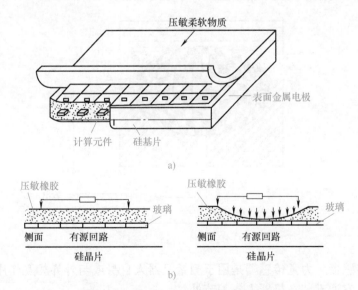

图 3-11　半导体高密度智能压觉传感器

（3）滑觉传感器　工业机器人末端执行器一般采用硬抓取和软抓取两种抓取方式。硬抓取（无感知时采用）时，末端执行器利用最大的夹紧力抓取工件。软抓取（有滑觉传感器时采用）时，末端执行器使夹紧力保持在能稳固抓取工件的最小值，以免损伤工件。

　　机器人在抓取不知属性的物体时，其自身应能确定最佳握紧力的给定值。当握紧力不够时，要检测被握紧物体的滑动，利用该检测信号，在不损害物体的前提下，考虑最可靠的夹持方法，实现此功能的传感器称为滑觉传感器。

　　滑觉传感器有滚轮式和球式。滚轮式滑觉传感器如图3-12所示。小型滚轮式滑觉传感器安装在机器人手指上，其表面稍突出手指表面，当工件在传感器表面上滑动时，和滚轮或球相接触，使工件的滑动变成转动。滚轮表面贴有高摩擦系数的弹性物质，一般为橡胶薄膜。滚轮内部装有发光二极管和光电晶体管，通过圆盘形光栅把光信号转变为脉冲信号。

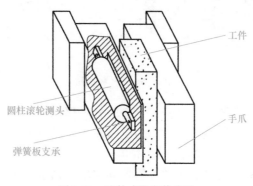

图3-12　滚轮式滑觉传感器

　　球式滑觉传感器用球代替滚轮，可以检测各个方向的滑动。图3-13所示为球式滑觉传感器。它由一个金属球和触针组成，金属球表面分成许多个相间排列的导电和绝缘小格。触针头很细，每次只能触及一格。当工件滑动时，金属球也随之转动，触针上输出脉冲信号，脉冲信号的频率反映了滑移速度，个数对应滑移的距离。

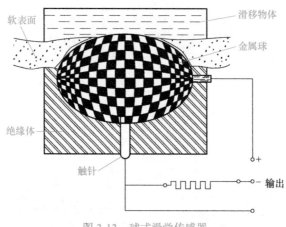

图3-13　球式滑觉传感器

　　（4）力觉传感器　力觉传感器是用于测量机器人自身或与外界相互作用而产生的力或力矩的传感器。它通常装在机器人各关节处。

　　力觉传感器的种类很多，有电阻应变片式、压电式、电容式、电感式以及各种外力传感器。力觉传感器通过弹性敏感元件将被测力或力矩转换成某种位移量或变形量，然后通过各自的敏感介质把位移量或变形量转换成能够输出的电量。机器人常用的力觉传感器分以下3类：

1）装在关节驱动器上的力觉传感器，称为关节传感器。它测量驱动器本身的输出力和力矩。用于控制中力的反馈。

2）装在末端执行器和机器人最后一个关节之间的力觉传感器，称为腕力传感器。它直接测出作用在末端执行器上的力和力矩。

3）装在机器人手指（关节）上的力觉传感器，称为指力传感器，它用来测量夹持物体时的受力情况。

图 3-14 所示为腕力传感器。它是一种整体轮辐式结构，在十字梁与轮缘连接处有一个柔性环节，在四根交叉梁上共贴有 32 个应变片（图中以小方块表示），组成 8 路全桥输出。

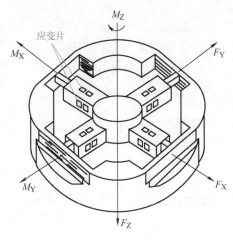

图 3-14 腕力传感器

因此，力觉传感器的作用主要是感知是否夹起了工件或是否夹持在正确部位；控制装配、打磨、研磨抛光的质量；装配中提供信息，产生后续的修正补偿运动来保证装配质量和速度；防止碰撞、卡死和损坏机件。

在选用力觉传感器时，首先要特别注意额定值，其次在机器人通常的力控制中，力的精度意义不大，重要的是分辨率。

在机器人上实际安装、使用力觉传感器时，一定要事先检查操作区域，清除障碍物。这对操作者的人身安全、对保证机器人及外围设备不受损害有重要意义。

2. 接近觉传感器

接近觉是一种粗略的距离感觉，接近觉传感器的主要作用是在接触对象之前获得必要的信息，用来探测在一定距离范围内是否有物体接近、物体的接近距离和对象的表面形状及倾斜等状态。接近觉传感器一般用非接触式测量元件，如霍尔传感器、电磁接近觉传感器和光学接近觉传感器等。

（1）红外线接近觉传感器 任何物质，只要它本身具有一定的温度（高于绝对零度），都能辐射红外线。红外线接近觉传感器如图 3-15 所示。红外线接近觉传感器由红外发光二极管和光电二极管组成。红外发光二极管发出的光经过反射被光电二极管接收，接收到的光强和传感器与目标的距离有关，输出信号是距离的函数。另外红外信号被调制成某一特定频率，可大大提高信噪比。

红外线接近觉传感器具有灵敏度高、响应快等优点。红外线接近觉传感器的发送器和接收器都很小，能够装在机器人手指上，易于检测出工作空间内是否存在某个物体。

（2）电磁接近觉传感器　电磁接近觉传感器是基于电磁感应原理，通过感知周围磁场的变化来检测金属物体的位置和距离。如图 3-16 所示，当磁场接近金属物时，会在金属物中产生感应电流，也就是涡流。涡流大小随对象物体表面与线圈之间距离的大小而变化，这个变化反过来又影响线圈内磁场强度。磁场强度可用另一组线圈检测出来，也可以根据励磁线圈本身电感的变化来检测。通过检测电感便可获得线圈与金属物表面的距离信息。电磁接近觉传感器的精度比较高，而且可以在高温下使用。由于工业机器人的工作对象大多是金属部件，因此电磁接近觉传感器应用较广。

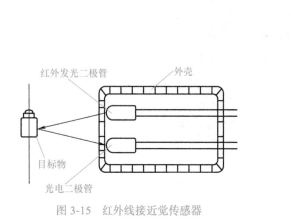

图 3-15　红外线接近觉传感器

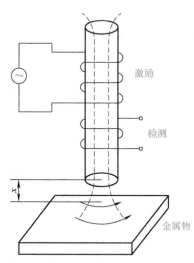

图 3-16　电磁接近觉传感器

（3）霍尔传感器　霍尔效应指的是当置于磁场中的金属或半导体片有电流流过时，在垂直于电流和磁场的方向上会产生电动势。霍尔传感器单独使用时，只能检测有磁性的物体；当与磁体联合使用时，可以用来检测所有的铁磁物体。当附近没有铁磁物体时，霍尔传感器感受一个强磁场；当有铁磁物体时，由于磁力线被铁磁物体引到旁路，霍尔传感器感受到的磁场将减弱，引起输出的霍尔电动势变化，如图 3-17 所示。

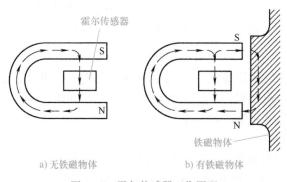

图 3-17　霍尔传感器工作原理

（4）气压式接近觉传感器　气压式接近觉传感器的工作原理为：气源送出具有一定压力的气流，由一根细的喷嘴喷出，如果喷嘴靠近物体，气流喷出的面积变窄，则内部压力会发生变化，这一变化可用压力计测量出来。如果事先求得距离和气缸内气体压力的关系，即可根据压力计读数测定距离。

气压式接近觉传感器不受磁场、电场和光线的影响，环境适应性很强，可用于压力工程、焊接、零件组装、搬运中的零件计数和确认等，尤其适用于测量微小间隙。

（5）超声波传感器　超声波传感器主要用于检测物体的存在和测量距离，不能用于测量小于30cm的距离。超声波传感器的外形与内部结构如图3-18所示。超声波传感器由压电陶瓷晶片、锥形辐射扬声器、底座、引脚、外壳及金属网构成。其中，压电陶瓷晶片是传感器的核心，锥形辐射扬声器使发射和接收超声波的能量集中，并使传感器有一定的指向角。外壳可防止外界力量对压电陶瓷晶片及锥形辐射扬声器的损害，同时金属网不影响发射与接收超声波。

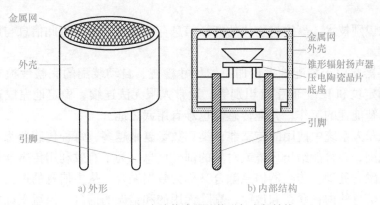

图3-18　超声波传感器的外形与内部结构

超声波发射器向某一方向发射超声波，在发射的同时开始计时，超声波在空气中传播途中碰到障碍物即返回，超声波接收器收到反射波立即停止计时。超声波在空气中的传播速度为340m/s，根据计时时间Δt，就可以计算出发射点距障碍物的距离（s），即

$$s = 340\Delta t / 2$$

有时也把超声波传感器看成机器人视觉传感器中的一种。超声波传感器主要用途有：实时地检测自身所处空间的位置，用以进行自定位；实时地检测障碍物，为行动决策提供依据；检测目标姿态以及进行简单形体的识别；用于导航目标跟踪。

超声波传感器检测迅速、简单方便、对材料的依赖性小、易于实时控制、测量精度高、应用广泛。在移动式机器人上，检验前进道路上的障碍物，避免碰撞。超声波传感器对于水下机器人的作业非常重要。水下机器人安装超声波传感器后能使其定位精度达到微米级。

综上所述，接近觉传感器一般装在末端执行器上，主要用于对物体的抓取和躲避。接近觉传感器能使机器人末端执行器感知与物体的接近程度。当近到一定距离时，能使高速搜索物体的末端执行器向控制系统发出减速信号，以减少手爪和物体的冲击。

3. 视觉传感器

视觉传感器是智能机器人最重要的传感器之一。机器人视觉通过视觉传感器获取环境的二维图像，并通过视觉处理器进行分析和解释，转换为符号，让机器人能够辨识物体，并确定其位置。在捕获图像后，视觉传感器将其与内存中存储的基准图像进行比较，以做出分析。如欧姆龙视觉传感器FZ3对微妙的色差乃至光泽物体的表面伤痕都能清晰识别。

通过摄像头捕捉图像信息，检测拍摄对象的数量、位置关系、形状等特点，用于判断产品是否合格或将检验数据传送给机器人等其他生产设备。

机器人视觉传感器的工作过程可分为检测、分析、绘制和识别4个步骤。

（1）视觉检测　视觉信息一般通过光电检测元件转化成电信号。光电检测元件有摄像管和固态图像传感器。

（2）视觉图像分析　成像图像中的像素含有杂波，必须进行（预）处理。通过处理消除杂波，把全部像素重新按线段或区域排列成有效像素集合。

（3）视觉图像绘制　指以识别为目的而从物体图像中提取特征。理论上这些特征应该与物体的位置和方向无关，并包含足够的绘制信息，以便能唯一地把一个物体从其他物体中鉴别出来。

（4）图像识别技术　事先将物体的特征信息存储起来，然后将此信息与所看到的物体信息进行比对。

视觉传感器常用于零配件批量加工的尺寸检查、自动装配的完整性检查、电子装配线的元件自动定位和IC上的字符识别等。通常人眼无法连续、稳定地完成这些带有高强度、重复性和智能性的工作，其他传感器也难有用武之地。

总之，机器人系统中使用的传感器种类和数量越来越多，每种传感器都有一定的使用条件和感知范围，并且能给出环境或对象的部分信息。为了有效利用传感器信息，需要进行传感器信息融合处理。传感器信息融合又称为数据融合，从多信息的视角进行处理及综合，得到各种信息的内在联系和规律，剔除无用的和错误的信息，保留正确的和有用的成分，最终实现信息的优化。

一、工业机器人控制系统的发展

随着现代科学技术的飞速发展和社会的进步，人们对工业机器人的性能提出更高的要求。智能机器人技术的研究已成为机器人领域的主要发展方向，如各种精密装配机器人、力/位置混合控制机器人、多肢体协调控制系统以及先进制造系统中的机器人的研究等。相应地，对机器人控制器的性能也提出了更高的要求。机器人伺服系统与控制系统之间的通信方式也由原来的"脉冲＋方向"的通信线缆，发展到更高效、数据量更大的各种现场总线。机器人控制系统正在朝着开放式的方向发展。

开放式的机器人控制系统强调可扩展性、可移植性、可裁剪性和互操作性。用户和企业可以自行扩展和裁剪系统功能模块，以适应不同应用下的功能和性能需求；可以移植到不同操作系统和平台，并且保持原有的功能；可以与外部其他系统进行数据甚至操作的交互。所以，开放式机器人控制系统满足"工业4.0"的发展要求，能够很好地解决当前机器人控制系统信息化程度低的问题。

事实上，"开放式机器人控制系统"并不是的一个新概念，国内外一些自动化企业和高校很早就开始着手研究。研究最多的是基于计算机的开放式机器人控制系统，利用计算机强大的硬件和软件功能，对计算机进行实时性改造，将机器人控制软件和系统管理软件都运行在计算机上，这种实现方式也就是普通意义的全软件型控制。

"工业 4.0"的最显著特点是智能化生产，其核心是信息物理系统（CPS）的深度融合，智能化生产模式将从大规模定制向个性化定制转变，而机器人作为智能生产的重要一环，其开放性将会受到越来越多的关注。

二、工业机器人传感器的未来

随着工业产品的工艺复杂程度和精度要求的提高，工业机器人应用场所和应用需求变得越来越复杂和苛刻。工业机器人配备的传感器从简单的光电开关、触碰开关，发展到触觉、声觉、视觉等高端传感器。传感器正在向智能化、思维化、分析化和诊断化的方向发展。作为一套越来越明显的智能微系统，传感器越来越呈现出独立性，并且具有自我纠错的能力。

与软体机器人的柔软身体不同，软传感器其实是虚拟传感器，说白了就是软件。它可以同时处理多个测量。

软传感器基于控制理论，通过间接使用，可能同时处理数十个甚至数百个测量值。在数据融合方面，软传感器的作用巨大，它将不同静态数据和动态测量的数据结合在一起，从而可以用于故障诊断以及控制应用。最经典的软传感器可以从卡尔曼滤波器开始。它是一种去除噪声还原真实数据的数据处理技术，可以看作是经过软件计算的数据滤波。当然，最新的软传感器会使用神经网络或模糊计算。软传感器是一种利用其他传感器的信息来估计物理量的软件程序。

这一趋势在过程自动化中最为显著，其中许多控制功能由软件激活并由计算机辅助完成。高可靠性和高精度是软传感器的标志，譬如，基于 pH 值的软传感器就可以很方便地进行水处理和峰值检测的负荷触发。

软传感器也可以看成是数字化技术的集成者，它由高级自动化、物联网、大数据实时分析、传感器等综合而来。

项目实训

一、训练任务

为使学生加深对本项目所学知识的理解，达到培养学生分析问题的能力。本项目训练任务为分析工业机器人的控制及传感器技术，并解决以下问题：

1）控制系统的组成有哪些？

2）分析内、外部传感器的作用及类型。

二、训练内容

本项目训练内容可参考表 3-2，训练设备可以是实训室的工业机器人，也可以是自选的工业机器人。

表 3-2　工业机器人控制与传感器技术分析训练任务单

学习主题	工业机器人控制与传感器技术分析		
重点难点	重点：认识、安装、调试实训室工业机器人的传感器 难点：认识、安装、调试实训室工业机器人的传感器		
训练目标	知识能力目标	1）通过学习，能够掌握工业机器人控制系统的组成和特点，了解传感器的作用 2）能够根据工业机器人的功能要求正确选择工业机器人的外部传感器	
	素养目标	1）提高解决实际问题的能力，具有一定的专业技术理论 2）养成独立工作的习惯，能够正确制订工作计划 3）培养学生良好的职业素质及团队协作精神	
参考资料学习资源	教材、图书馆相关书籍；课程相关网站；网络检索等		
学生准备	教材、笔、笔记本、练习纸		
工作任务	任务步骤	任务内容	任务实现描述
	明确任务	提出任务	
	分析过程 （学生借助于参考资料、教材和教师提出的引导问题，自己做一个工作计划，并拟定出检查、评价工作成果的标准要求）	工业机器人控制方式	
		工业机器人控制系统组成	
		工业机器人内部传感器类型及作用	
		工业机器人外部传感器类型及作用	

三、训练评价

请在表 3-3 教学检查与考核评价表里进行学生自评、小组互评和教师评价。

表 3-3　教学检查与考核评价表

检查项目	检查结果及改进措施	分值	学生自评	小组互评	教师评价
练习结果正确性		20分			
知识点的掌握情况 （应侧重于控制系统的结构及外部传感器的功能）		40分			
能力控制点检查		20分			
课外任务完成情况		20分			
综合评价	学生自评：		小组互评：		教师评价：

项目总结

工业机器人控制系统的主要作用是根据用户的指令对机构本体进行操作和控制，完成作业的各种动作。为了使机器人能够按照要求去完成特定的作业任务，需要示教过程、计算与控制、伺服驱动、传感与检测 4 个工作过程。

　　工业机器人运动控制方式主要有位置控制、速度控制、力或力矩控制及智能控制。

　　传感器是机器人完成感觉的必要手段，通过传感器的感觉作用，将机器人自身的相关特性或物体相关的特性转化为机器人执行某项功能时所需要的信息。根据传感器在机器人上应用的目的和使用范围不同，可分为内部传感器和外部传感器。

　　1）内部传感器装在工业机器人本体上，包括位移、速度、加速度传感器，用于检测机器人自身状态（如手臂间角度，机器人运动过程中的位置、速度和加速度等），在伺服控制系统中作为反馈信号。

　　2）外部传感器用于检测机器人所处的外部环境和对象状况等，如抓取对象的形状、空间位置、有没有障碍、物体是否滑落等。

思考与习题

3-1　选择题

（1）已知码盘上的码道数为 n，绝对式光电编码器能分辨的最小角度是（　　　）。

A. $360°/n$　　　　　　　B. $360°/2^n$　　　　　　C. $(1/2^n)°$　　　　　　D. $(1/n)°$

（2）增量式光电编码器一般应用（　　　）套光电元件，从而可以实现计数、测速、鉴向和定位。

A. 1　　　　　　　　B. 2　　　　　　　　C. 3　　　　　　　　D. 4

（3）用于检测物体接触面之间相对运动大小和方向的传感器是（　　　）。

A. 接近觉传感器　　　　　　　　　　　B. 接触觉传感器

C. 滑动觉传感器　　　　　　　　　　　D. 压觉传感器

（4）测速发电机的输出信号为（　　　）。

A. 模拟量　　　　　　　　　　　　　　B. 数字量

C. 开关量　　　　　　　　　　　　　　D. 脉冲量

（5）机器人传感器主要分为内部传感器和外部传感器两大类，可测量物体的距离和位置，识别物体的形状、颜色、温度、嗅觉、听觉、味觉等，该传感器称为（　　　）。

A. 内部传感器　　　　B. 组合传感器　　　　C. 外部传感器

（6）反馈控制在控制过程中不断调整被控制量如位移、速度等连续变化的物理量，使之达到（　　　）的控制方式。

A. 反馈控制　　　　B. 预期设定值　　　　C. 开环　　　　D. 闭环

（7）下列不属于机器人触觉传感器的是（　　　）。

A. 接近觉　　　　　　B. 接触觉　　　　　　C. 力（力矩）觉　　　　D. 压觉

3-2　试述机器人控制系统的基本组成及各部分功能。

3-3　试述传感器在机器人技术中的主要作用有哪些。

3-4　试述机器人编码器的结构及工作原理。

3-5　试述机器人触觉传感器的分类及工作原理。

3-6　试述机器人接近觉传感器的分类及工作原理。

项目 4

工业机器人的手动操作

项 目 目 标

➢ 知识目标: 掌握工业机器人仿真工作站的布局; 掌握示教器结构、操作界面及按键功能。
➢ 能力目标: 能手动操作工业机器人关节运动、线性运动和重定位运动; 会搭建最小工业机器人仿真系统; 能利用示教器以及虚拟示教器操作工业机器人。
➢ 素养目标: 通过搭建最小工业机器人仿真系统, 培养学生的劳动意识, 使学生乐学善学。通过熟练操作工业机器人, 使学生立志成为青年科技人才和卓越工程师。通过掌握工业机器人仿真工作站的布局, 培养学生的前瞻性思考和全局性谋划能力。

项 目 分 析

本项目侧重于介绍 ABB 工业机器人作业仿真软件 RobotStudio 的应用, 通过在仿真环境中进行机器人虚拟样机的布局设计与操作仿真, 有效地辅助设计人员进行机器人虚拟示教、机器人工作站布局、机器人工作姿态优化。在实践环节中使学生认识工业机器人的实际运用, 能够运用学到的知识分析问题、解决问题。

利用仿真软件 RobotStudio 构建一台 ABB IRB120 工业机器人的最小仿真系统, 如图 4-1 所示, 它包含了一个简单工具和工件, 并通过手动操作和示教器手动操作, 使机器人工具移动到指定点 P1。

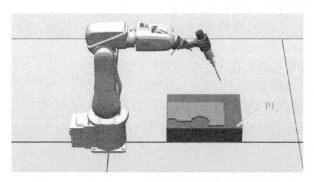

图 4-1 ABB IRB120 工业机器人的最小仿真系统

4.1　构建工业机器人最小仿真系统

RobotStudio 是 ABB 公司开发的工业机器人离线编程软件，RobotStudio 以 ABB VirtualController 为基础，与机器人在实际生产中运行的软件完全一致。因此，通过 RobotStudio 可执行十分逼真的模拟，所用均为车间中实际使用的真实机器人程序和配置文件。其核心技术是 VirtualRobot。从本质上讲，所有可以在实际工作台上进行的工作都可以在虚拟示教台（QuickTeach™）上完成，因而它是一款非常出色的软件工具。RobotStudio 可从 ABB 官方网站下载，第一次安装后，软件提供 30 天的免费使用，期限到后，仅有基本功能可用。

1. 打开软件

双击 RobotStudio 快捷方式，打开 RobotStudio 软件，如图 4-2 所示。

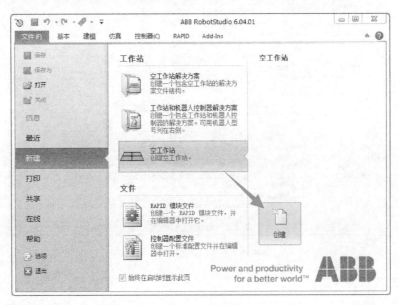

图 4-2　RobotStudio 启动界面

2. 创建空工作站

在打开的启动界面中，单击"新建"，然后选择"空工作站"，单击"创建"，创建后界面如图 4-3 所示。

3. 导入 ABB 工业机器人到工作站

单击基本菜单栏中的"ABB 模型库"，选中"IRB120"工业机器人，在弹出的对话框中选择"确定"后，ABB IRB120 机器人就添加到了工作站中，如图 4-4 所示。

实际应用中可根据项目的需求选择工业机器人的型号。

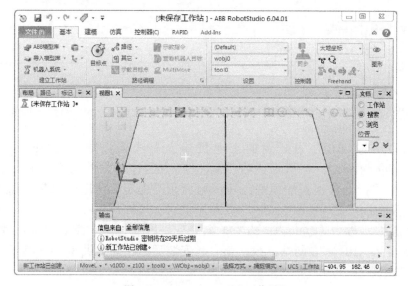

图 4-3　RobotStudio "空工作站"

图 4-4　导入工业机器人

4. 加载工业机器人工具

选择 "导入模型库" → "设备" → "Training Objects" 中的 "myTool"，如图 4-5 所示。

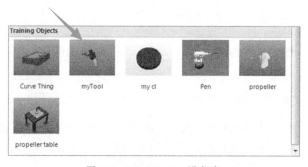

图 4-5　RobotStudio 设备库

加载后工具 MyTool 出现在布局及机器人机座处，如图 4-6 所示。

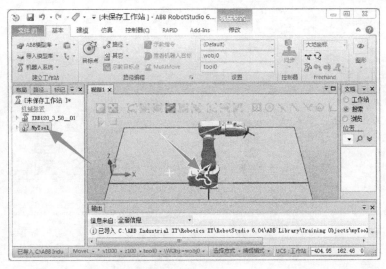

图 4-6　加载工具

　　将 MyTool 安装到机器人手腕上，其操作方法一为：在布局中的 MyTool 上按住左键，向上拖到"IRB120_3_58_01"后松开，弹出如图 4-7 所示对话框，单击"是"。工具 MyTool 安装到机器人上的效果如图 4-8 所示。

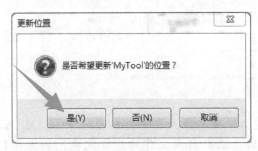

图 4-7　"更新位置"对话框

图 4-8　工具 MyTool 安装到机器人上的效果

　　将 MyTool 安装到机器人手腕上，其操作方法二为：右击布局中的 MyTool，选择"安装到"→"IRB120_3_58_01"。

5. 加载工业机器人工件

　　选择"导入模型库"→"设备"→"Training Objects"中的"Curve_thing"，加载工件，如图 4-9 所示。

　　工件离机器人较远，显示工业机器人的工作区域操作方法为：右击布局中的"IRB120_3_58_01"，选择"显示机器人工作区域"，其白色空间内为机器人可达区域，如图 4-10 所示。

　　当工件不在工业机器人的工作区域时，需设置 Curve_thing 的位置，其操作方法为：右击 Curve_thing，选择"设定位置"，如图 4-11 所示。在弹出的对话框中设置其合适位置，设定完毕后，单击"应用"，再单击"关闭"。

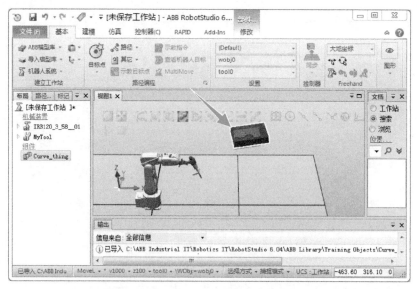

图 4-9　加载工件

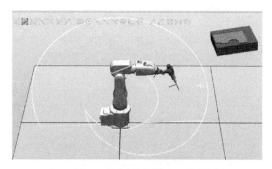

图 4-10　工业机器人工作区域

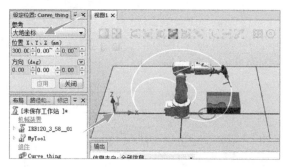

图 4-11　设置工件位置

注意：设定位置时，以大地坐标为参考坐标，坐标原点在机身底座的中心，X、Y、Z 方向如图 4-11 内箭头所示。至此一个最小的工业机器人工作站建立完成，如图 4-12 所示。

6. 创建控制系统

在"基本"功能选项卡中，选择"机器人系统"中的"从布局 ..."，如图 4-13 所示。

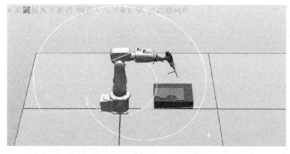

图 4-12　最小的工业机器人工作站建立完成

图 4-13　选择"从布局 ..."

设定系统名称和位置，位置路径建议不要出现中文，选择 RobotWare（如果安装有多个，选择对应的 RobotWare 版本），单击"下一个"，如图 4-14 和图 4-15 所示。

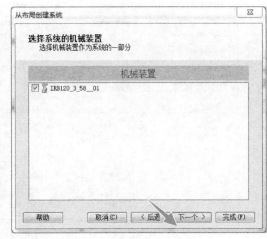

图 4-14　设定系统名称和位置　　　　　　　　图 4-15　单击"下一个"

单击"选项"，如图 4-16 所示。弹出如图 4-17 所示的对话框，在对话框中做以下修改：

图 4-16　单击"选项"

（1）更改默认语言　单击"Default Language"，去掉"English"前面的勾选，然后勾选"Chinese"。

（2）选择现场总线及协议

1）单击"Industrial Networks"，勾选"709-1 DeviceNet Master/Slave"。

2）单击"Anybus Adapters"，勾选"840-2 PROFIBUS Anybus Device"。

修改完成后的概况如图 4-18 所示。

单击"确定"后，回到图 4-16 所示界面，单击"完成"。控制系统创建完成后，右下角"控制器状态"应为绿色，如图 4-19 所示。至此一个最小的工业机器人仿真系统建立完成。

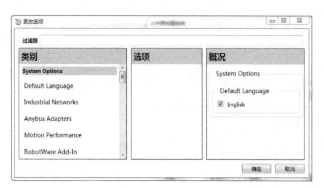

图 4-17 "更改选项"对话框

图 4-18 修改完成后的概况

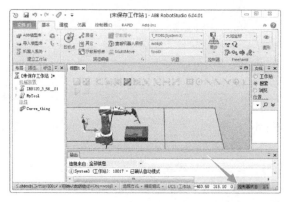

图 4-19 控制系统创建完成

4.2 手动操作工业机器人

工业机器人的
手动操作

手动操作机器人运动有单轴运动、线性运动和重定位运动3种模式。下面介绍如何手动操作机器人进行这3种运动。

1. 单轴运动

通常，ABB工业机器人有6个伺服电动机分别驱动机器人的6个关节轴，那么每次手动操作一个关节轴的运动，就称为单轴运动。

（1）单轴手动 在"基本"功能选项卡中，选择"Freehand"中的"手动关节"图标，然后选中某个关节，按住左键进行旋转，如图4-20所示。

（2）单轴精确手动

1）右击布局中的"IRB120_3_58_01"，选择"机械装置手动关节"，如图4-21所示。

2）在弹出的界面中，拖动滑块或单击按钮可以精确手动每个关节轴，也可根据需要设定每次点动的度数，如图4-22所示。

2. 线性运动

机器人的线性运动是指安装在机器人第6轴法兰盘上的工具中心点TCP（Tool Center Point）在空间中做线性运动。其特点是工具姿态保持不变，只是位置改变。手动操作线性运动的方法如下：

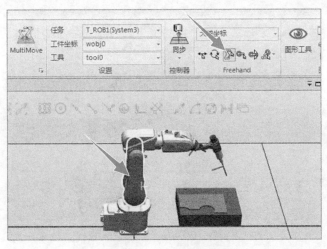

图 4-20 机器人单轴手动

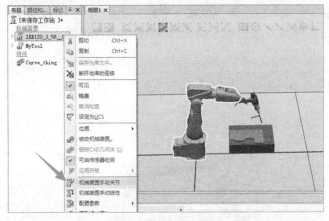

图 4-21 选择"机械装置手动关节"

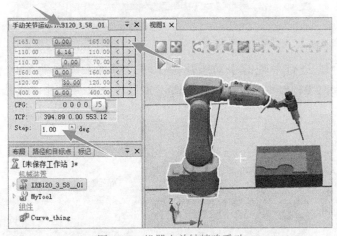

图 4-22 机器人单轴精确手动

（1）手动线性运动 在"基本"功能选项卡中，选择"Freehand"中的"手动线性"图标，如图 4-23 所示。然后将指针放到箭头上，按住左键，以箭头指示的方向进行线性移动。

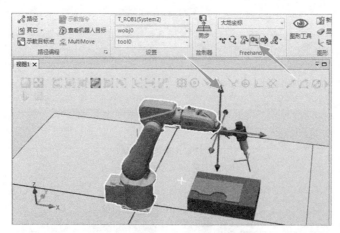

图 4-23　机器人手动线性运动

实际应用中，往往需要工具的末端做线性运动，对于本项目的工具 TCP 做线性运动，可在"基本"功能选项卡中，选择"设置"中的"工具"，在下拉菜单中选择"MyTool"，如图 4-24 所示。用同样的方法进行工具 TCP 的手动线性运动。

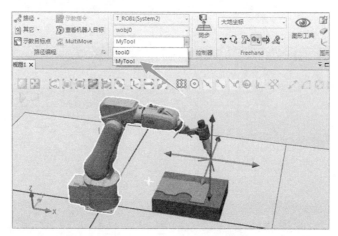

图 4-24　机器人工具 TCP 手动线性运动

在手动状态下，进行单轴的手动线性操作时，需将工具移动至 P1 点，如图 4-25 所示。**注意**：在移动到 P1 点时，需要调整视图，常用的快捷键操作方式见表 4-1。

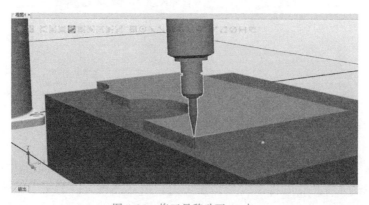

图 4-25　将工具移动至 P1 点

表4-1 常用的快捷键操作方式

操作方式	功能
单击	选中被单击的对象
Ctrl+左键	平移工作站
Ctrl+Shift+左键	旋转工作站
滚动滚轮	缩放工作站

（2）精确线性运动

1）右击布局中的"IRB120_3_58_01"，选择"机械装置手动线性"，如图4-26所示。

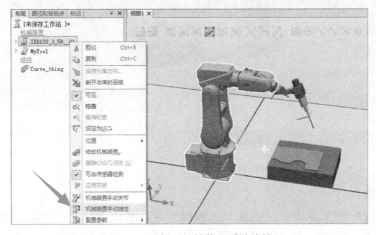

图4-26 选择"机械装置手动线性"

2）在弹出的界面中，可直接输入坐标值使机器人到达设定位置或单击按钮点动运动，也可根据需要设定每次点动的距离，如图4-27所示。

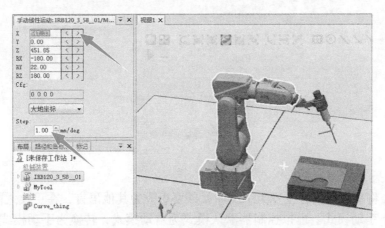

图4-27 机器人精确线性运动

3. 重定位运动

机器人的重定位运动是指机器人第6轴法兰盘上的工具TCP在空间中绕着坐标轴旋转的运动，也可以理解为机器人绕着工具TCP做姿态调整的运动。其特点是工具姿态改变，位置不变。手动操作重定位运动的方法是：在"基本"功能选项卡中，选择

"Freehand"的"手动重定位"图标，如图 4-28 所示。然后选中工具，将指针放到出现的箭头上，按住左键，以箭头指示的方向进行线性移动。

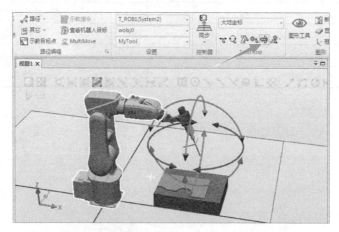

图 4-28　机器人工具 TCP 重定位运动

4.3　利用示教器手动操作机器人

4.3.1　示教器操作

在"控制器"功能选项卡，选择"示教器"下拉菜单中的"虚拟示教器"，如图 4-29 所示。出现如图 4-30 所示的虚拟示教器。

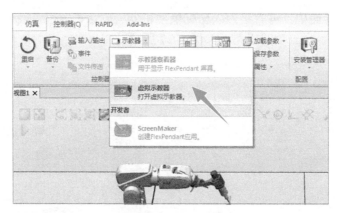

图 4-29　打开"虚拟示教器"

此前已经将示教器语言设置为中文，如果要更改为其他语言，在更改之前，应使机器人控制器处于手动模式。虚拟控制器默认模式为自动模式，转换为手动模式的方法如下：在图 4-30 中单击"模式切换"按钮。在弹出的界面上选择"手动模式"，如图 4-31 所示。

转化为手动模式后，单击左上角主菜单，主菜单界面如图 4-32 所示。单击"控制面板"。

在弹出的对话框中，单击"语言"菜单，如图 4-33 所示。从"语言"界面中选择想要更改的语言，如图 4-34 所示。

图 4-30　虚拟示教器

图 4-31　选择"手动模式"

图 4-32　主菜单界面

图 4-33　单击"语言"菜单

单击"确定"后，在弹出的"重启 FlexPendant"对话框中单击"是"，重启后更改的语言生效。

1. 单轴运动

单击左上角主菜单，单击"手动操纵"，单击"Enable"，如图 4-35 所示，使能器工作，"Enable"按钮变为绿色后机器人将处于电动机开启状态。

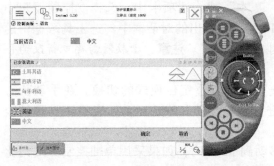

图 4-34　"语言"界面

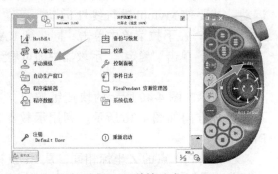

图 4-35　单轴运动

如图 4-36 所示，操纵杆方向控制的分别为 1、2、3 轴，单击摇杆箭头指示方向，可移动机器人的 1、2、3 轴。选择"动作模式"。

在弹出的界面中选择"轴 4-6"，如图 4-37 所示。单击"确定"。

弹出的界面如图 4-38 所示，操纵杆方向控制的分别为 4、5、6 轴，单击摇杆箭头指示方向，可移动机器人的 4、5、6 轴。单击"快速转换"按钮，可进行 1、2、3 轴与 4、5、6 轴的切换。

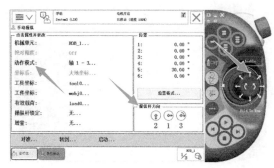

图 4-36 手动操作"轴 1-3"

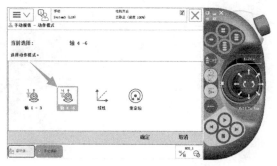

图 4-37 选择"轴 4-6"

2. 线性运动

单击左上角主菜单按钮,单击"手动操纵",单击"Enable",在"动作模式"界面选择"线性",然后单击"确定",如图 4-39 所示。

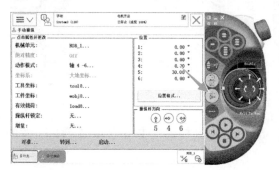

图 4-38 手动操作"轴 4-6"

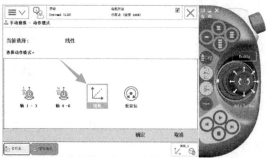

图 4-39 选择"线性"

机器人的线性运动要在"工具坐标"中指定对应的工具,如图 4-40 所示,用"tool0"(tool0 是系统自带的工具坐标系)操纵示教器上的操纵杆,工具 TCP 在空间中做线性运动。若要使 Mytool 进行线性运动,可在"基本"功能选项卡中,选择"控制器"中的"同步",在下拉菜单中单击"同步到 RAPID",在弹出的对话框中勾选工具数据中的"Mytool",单击"确定",示教器中即可看到"Mytool"。**注意:示教器需要重新改为手动模式。**

也可单击图 4-40 所示的快捷键按钮,进行线性与重定位模式的切换。在手动状态下操纵杆方向如图 4-36 所示。利用示教器进行单轴运动和线性运动,应将工具移动至 P1 点。

若 P2 和 P1 点的 Z 坐标相同,从 P1 点移动到 P2 点时,如果采用单轴控制方式则比较复杂,采用沿 X、Y、Z 的直线移动则方便很多。

3. 重定位运动

单击左上角主菜单按钮,在"动作模式"界面中选择"重定位",然后单击"确定",如图 4-41 所示。

如图 4-42 所示,单击"坐标系",选择"工具",单击"确定"。单击"工具坐标",选择"tool0",单击"确定"。操纵示教器上的操纵杆,工具 TCP 做姿态调整的运动。

图 4-40 机器人线性运动

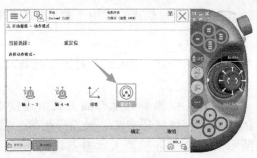
图 4-41 选择"重定位"

图 4-42 机器人重定位运动

4.3.2 ABB 工业机器人系统组成及功能

ABB 工业机器人由工业机器人本体（本书为 ABB IRB120）、控制器及示教器等组成，如图 4-43 所示。

1. 工业机器人本体

IRB120 机器人本体详细信息可参见项目 1 技术参数部分。

2. 控制器

机器人控制器主要包括控制面板和外部接口两部分，控制面板主要有总开关、急停按钮、电动机开启指示以及模式选择开关等，如图 4-44 所示。外部接口主要有示教器连接接口、机器人驱动接口、机器人控制接口以及 I/O 通信接口等。

图 4-43 ABB 工业机器人的系统组成

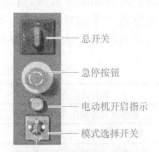

总开关

急停按钮

电动机开启指示

模式选择开关

图 4-44 控制器的控制面板

模式选择开关在左端时，为自动模式，机器人全速运行时使用，手动操作摇杆不能使用；模式选择开关在中间时，为手动减速模式，机器人只能以低速、手动控制运行，此时必须按住使能器才能使电动机动作，此模式常用于创建和调试程序。模式选择开关在右端时，为手动全速模式，常用于测试和编辑程序。

3. 示教器

示教器（FlexPendand）是进行机器人的手动操作、程序编写、参数配置以及监控用的手持装置。

ABB工业机器人示教器主要由连接电缆、触摸屏、紧急停止按钮、手动操作摇杆、USB接口、使能器按钮、触摸屏用笔、示教器复位按钮和快捷键单元等组成，如图4-45所示。ABB工业机器人示教器以简洁明了、直观互动的彩色触摸屏和3D操纵杆为设计特色，拥有强大的定制应用支持功能，可加载自定义的操作屏幕等要件，不需要另设人机界面工作站。

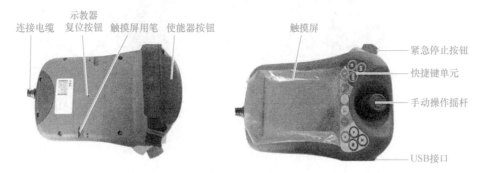

图 4-45　示教器

（1）使能器按钮　使能器按钮是工业机器人为保证操作人员人身安全而设置的，只有在按下使能器按钮，并保证在电动机开启的状态下，才能对机器人进行手动操作与程序调试。手动模式下，该按钮有三个位置，即：

1）不按（释放状态）：机器人电动机不上电，机器人不能动作。

2）轻轻按下：机器人将处于电动机开启状态，可以操作摇杆或按照指令运动。

3）用力按下：电动机失电，机器人又处于防护装置停止状态。

当发生危险时，人会本能地将使能器按钮松开或按紧，机器人会马上停止动作，从而保证操作人员安全。**注意：** 自动模式下，使能器按钮不起作用。

（2）手动操作摇杆　手动操作摇杆的操纵幅度是与机器人的运动速度相关的。操纵幅度较小则机器人运动速度较慢；操纵幅度较大则机器人运动速度较快。为了安全，手动操作时机器人应处于手动减速模式，这样机器人只能以小于250mm/s的速度移动。操作时，操作人员应面向机器人站立，摇杆操作方向与机器人移动方向关系见表4-2。

表 4-2　摇杆操作方向与机器人移动方向关系

摇杆操作方向	机器人移动方向
操作方向为操作者前后方向	沿 X 轴运动
操作方向为操作者的左右方向	沿 Y 轴运动
操作方向为操纵杆正反旋转方向	沿 Z 轴运动
操作方向为操纵杆倾斜方向	与摇杆倾斜方向相应的倾斜移动

4. 安全操作注意事项

1）未经许可不能擅自进入机器人工作区域，机器人处于自动模式时，不允许进入其运动所及区域。

2）当机器人运行中发生任何意外或运行不正常时，立即使用紧急停止按钮（E-Stop键），使机器人停止运行。

3）编程、测试和检修时，必须将机器人置于手动模式，并使机器人以低速运行。

4）调试人员进入机器人工作区时，需随身携带示教器，以防他人误操作。

5）在不移动机器人或运行程序时，须及时释放使能器。

6）突然停电后，要及时手动关闭机器人的主电源和气源。

7）严禁非授权人员在手动模式下进入机器人软件系统，随意翻阅和修改程序及参数。

8）发生火灾时，应使用二氧化碳灭火器灭火。

9）机器人停机时，必须空机，夹具上不应有物体。

10）机器人气路系统中的压力可达 0.6MPa，进行任何相关检修时都必须切断气源。

11）维修人员必须保管好机器人钥匙。

5.机器人系统使用、操作

（1）使用条件　机器人控制器接 AC 220V 电源，并将机器人的伺服电缆、编码器电缆连接到机器人本体和控制器的对应端口，将示教器连接电缆连接到控制器的示教器端口。

（2）使用步骤　首先使机器人控制器、示教器上的紧急停止按钮处于松开状态，机器人处于何种状态，取决于实际情况。模式选择开关打到手动状态，在确认输入电压正常、机器人工作范围内无人后，合上机器人控制柜上的电源主开关，系统自动检查硬件，系统启动完成后就可以进行手动操作。

（3）ABB 机器人的手动操作　手动操作机器人运动有单轴运动、线性运动和重定位运动三种模式。重定位运动时，需要定义工具坐标系。实际利用示教器手动操作与利用虚拟示教器方法一样，此处不再叙述。

6.机器人系统的关闭

关闭机器人系统需要关闭控制柜上的主电源开关。当机器人关闭时，所有数字输出都将被置为 0，这会影响到机器人的手爪和外围设备。

在关闭机器人系统之前，首先要检查是否有人处于工作区域内，以及设备是否运行，避免发生意外。如果有程序正在运行或者手爪握有工件，则要先用示教器上的停止按钮使程序停止运行并使手爪释放工件。在示教器的"重新启动"菜单中选择"关机"，然后再关闭主电源开关。**注意**：关机后再次开启电源需要等 2min。

项目拓展

一、打包和解包

打包是为了创建一个包含虚拟控制器、库和附加媒体库的活动工作站包，以便于保存。解包是打包的逆过程，是为了启动并恢复虚拟控制器，打开工作站。

1.打包

1）单击"保存"，如图 4-46 所示。在弹出的对话框中，文件名内输入合法的名称，如 IRB120。

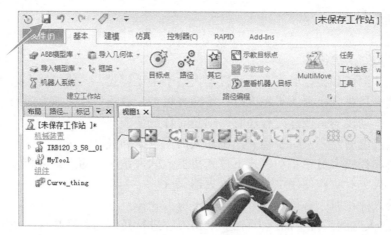

图 4-46　单击"保存"

2）在"文件"功能选项卡，单击"共享"下拉菜单中的"打包"，如图 4-47 所示。

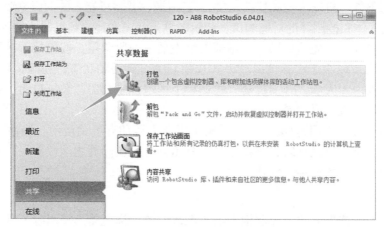

图 4-47　单击"打包"

3）在弹出的对话框中选择"确定"，注意打包的名字和位置中不要出现中文名和中文路径，如图 4-48 所示。

4）对话框自动关闭，输出窗口提示打包的进程，直到打包完成，如图 4-49 所示。

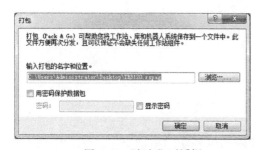

图 4-48　"打包"对话框

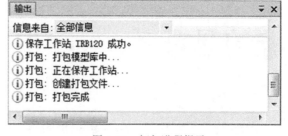

图 4-49　打包进程提示

2. 解包

1）双击打包过的文件，弹出如图 4-50 所示的对话框，一直单击"下一个"。

2）解包文件的位置中不要出现中文路径，如图 4-51 所示。若弹出提示对话框"一个或文件已存在目标位置，是否进行覆盖时，可选择"是"。

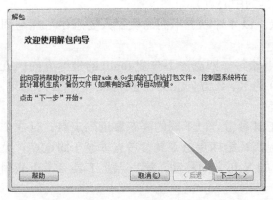

图 4-50 "解包"对话框　　　　　　　　　图 4-51 选择解包文件

3）按默认选项一直单击"下一个"，直到解包完成，单击"关闭"，如图 4-52 所示。解包成功后，就可以操作保存过的工作站。

二、工业机器人坐标系

机器人系统的坐标系包含大地坐标系、基坐标系、工具坐标系及工件坐标系等。其相互关系如图 4-53 所示。规定坐标系的目的在于对机器人进行轨迹规划和编程时，提供一种标准符号。对一个机器人来说，大地坐标系和基坐标系可以看作是一个坐标系；但

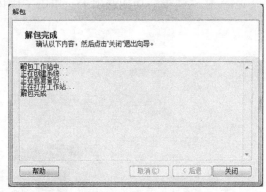

图 4-52 解包完成

对于由多个机器人组成的系统，大地坐标系和基坐标系是两个不同的坐标系。通常将工业机器人的运动看作是工具坐标系相对于工件坐标系的运动。

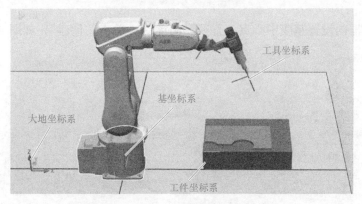

图 4-53 机器人系统的坐标系相互关系

1. 工具坐标系的定义

工具数据 tooldata 用于描述安装在工业机器人第 6 轴上的工具 TCP、重量、重心等参

数数据。工具坐标系 TCP 设定的原理如下：

1）在机器人工作范围内找一个非常精确的固定点作为参考点。

2）在工具上确定一个参考点（一般是工具的中心点）。

3）手动操作机器人移动工具上的参考点，以 4 种以上不同的机器人姿态尽可能与固定点刚好碰上。

新建工具坐标系有四点法、五点法和六点法等。四点法不改变 tool0 的坐标方向；五点法改变 tool0 的 Z 方向；六点法改变 tool0 的 X、Z 方向。为了获得准确的工具 TCP，一般采用六点法进行操作。

六点法操作方法为：第一、二、三点是工具参考点以不同的姿态靠近固定点，且 3 个点的位姿应尽可能相差大些，有利于精度的提高；第四点是工具参考点垂直于固定点；第五点是工具参考点从固定点向将要设定 TCP 的 X 正方向移动，第六点是工具参考点从固定点向将要设定 TCP 的 Z 正方向移动。

下面介绍利用六点法新建一个工具坐标系 Mytool1 的操作过程。

1）在"建模"功能选项卡，单击"固体"下拉菜单中的"圆锥体"，如图 4-54 所示。

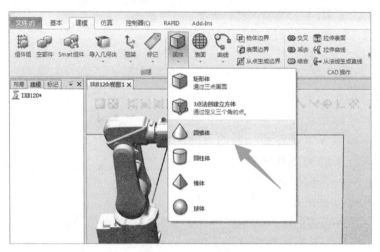

图 4-54　选择模型

2）在对话框内设置基座中心点、直径、高度后，单击"创建"，如图 4-55 所示。

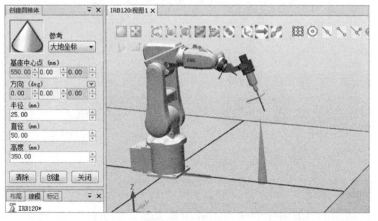

图 4-55　创建模型

3）关闭对话框后，创建的圆锥体显示在工作站中，以圆锥体的顶点作为固定点，如图4-56所示。

4）在"控制器"功能选项卡中调出示教器，单击左上角主菜单按钮，选择"程序数据"，如图4-57所示。

5）在弹出的界面中，双击"tooldata"，单击"新建"，如图4-58所示。在弹出的"新数据声明"界面中将工具数据名称改为"Mytool1"后，单击"确认"，如图4-59所示。

注意：示教器要在手动模式下才能修改数据。

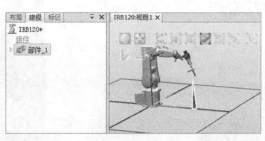

图4-56　创建固定点

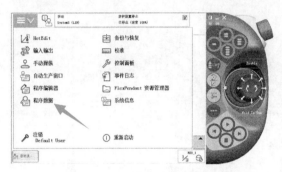

图4-57　选择"程序数据"

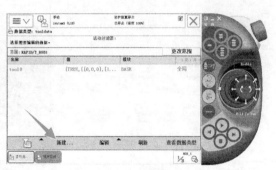

图4-58　新建"Mytool1"

6）选择Mytool1后，单击"编辑"菜单中的"定义"选项，如图4-60所示。

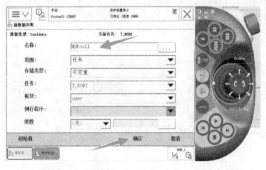

图4-59　修改名称

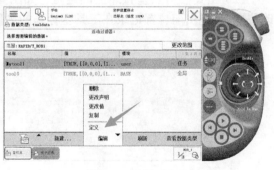

图4-60　选择"定义"

7）方法选择"TCP和Z，X"，点数选择"4"，使用六点法设定TCP，如图4-61所示。

8）按下使能键，操作摇杆使工具参考点靠上固定点，作为第一个点，如图4-62所示。

9）示教器中选中"点1"，单击"修改位置"，如图4-63所示。把当前位置记录在工具坐标系的第一点。

10）操作机器人工具参考点以不同姿态来靠近固定点，如图4-64和图4-65所示。把当前位置记录在工具坐标系的第二点和第三点，并分别修改位置。**注意**：定义第一、二、三点时，机器人的姿态应尽可能地差异大些。

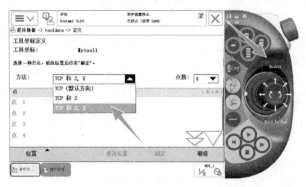

图 4-61　使用六点法

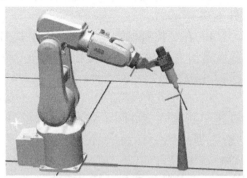

图 4-62　创建第一个点

图 4-63　记录第一点

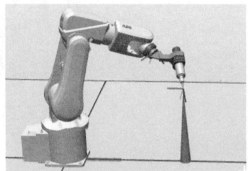

图 4-64　创建第二点

11）工具参考点垂直靠上固定点，如图 4-66 所示，示教器中选中"点 4"，单击"修改位置"，把当前位置记录在工具坐标系的第四点。

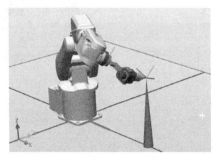

图 4-65　创建第三点

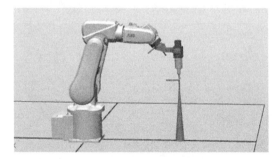

图 4-66　创建第四点

12）线性操作机器人工具参考点从固定点向将要设定 TCP 的 X 方向移动，如图 4-67 所示，定义为延伸器点 X，并修改位置。

13）线性操作机器人工具参考点从固定点向将要设定 TCP 的 Z 方向移动，如图 4-68 所示，定义为延伸器点 Z，并修改位置。

14）当所有点都记录完成，可以单击"位置→保存"，将所有校准点保存在新的 RAPID 模块中，以便之后的编程利用，在图 4-69 所示界面中，根据需要可更改新模块名称，单击"确定→是"。

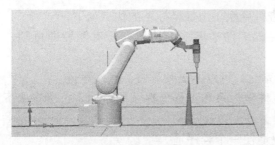

图 4-67　创建第五点

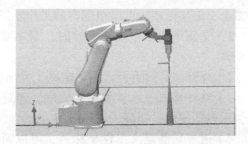

图 4-68　创建第六点

15）回到如图 4-63 所示界面，单击"确定"，出现工具坐标系计算结果，包括最大误差、最小误差和平均误差，如图 4-70 所示。工程上一般平均误差允许在 0.4mm 内，若平均误差超过 1mm，要重新示教位置点。

图 4-69　保存标准点

图 4-70　工具坐标系计算结果

16）单击"确定"后，在如图 4-71 所示的界面中，选中 Mytool1，单击"编辑"，选择"更改值"。

17）在如图 4-72 所示的界面中，根据实际情况设定工具的质量 mass（单位 kg），相对于 tool0 的重心偏移数据 cog 的 x、y 和 z 值。**注意：三者不能同时为 0，在不清楚数值的时候，可把 mass 和 z 都设置为 1。**

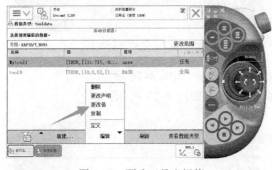

图 4-71　更改工具坐标值

图 4-72　设定工具坐标数值

18）最后选择工具坐标系 Mytool1，利用重定位方法验证新建工具坐标系的方向和精度。

2. 工件坐标系的定义

工件坐标系用于定义工件相对于大地坐标系（或其他坐标系）的位置。机器人程序支持多个工件坐标系，可以根据当前工作状态进行变换。工件坐标系的优点如下：

1）重新定位工作站的工件时，只需要更改工件坐标系的位置，所有路径即可随之更新。

2）外部夹具被更换，重新定义工件坐标系后，可以不更改程序，直接运行。

3）在计算机上示教编写的程序，通过工件坐标系和工具坐标系的重标定，可直接下载到示教器使用，提高了工作效率。

4）通过重新定义工件坐标系，可以简便地使一个程序适合多台机器人。

在对象的平面上，只需要定义 3 个点，就可以建立一个工件坐标系，如图 4-73 所示。

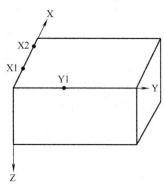

1）X1、X2 确定工件坐标系 X 正方向（从 X1 指向 X2）。

2）Y1 确定工件坐标系 Y 正方向。

3）从 Y1 向直线 X1、X2 做垂直线，两线的交点就是原点。

4）Z 正方向符合右手定则（食指指向 X 正方向，中指和无名指指向 Y 正方向，则拇指指向 Z 正方向）。

图 4-73　工件坐标系

下面介绍创建工件坐标系的操作过程。

1）在手动操纵界面中，动作模式选择"线性"，坐标系选择"工件坐标"，工具坐标选择新建的"Mytool1"，工件坐标选择"wobj0"，如图 4-74 所示。

2）单击"工件坐标"，进入到工件坐标系选择界面，单击"新建"，如图 4-75 所示。

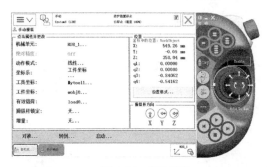

图 4-74　参数设置

图 4-75　"新建工件坐标"

3）对工件坐标系数据属性进行设定后，单击"确定"，如图 4-76 所示。

4）选择 wobj1，单击"编辑"菜单，选择"定义"，如图 4-77 所示。

图 4-76　设定工件坐标系数据属性

图 4-77　定义工件坐标系

5）将用户方法设定为"3 点"，如图 4-78 所示。

6）手动操作机器人的工具参考点靠近定义工件坐标系的 X1 点，如图 4-79 所示。

图 4-78　设定用户方法

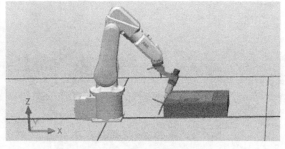

图 4-79　工具参考点靠近 X1 点

7）单击"修改位置"，将 X1 点记录下来，如图 4-80 所示。

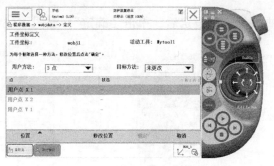

图 4-80　记录 X1 点

8）手动操作机器人的工具参考点靠近定义工件坐标系的 X2 点，如图 4-81 所示。单击"修改位置"，将 X2 点记录下来。

9）手动操作机器人的工具参考点靠近定义工件坐标系的 Y1 点，如图 4-82 所示。单击"修改位置"，将 Y1 点记录下来，单击"确定"。

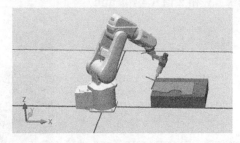

图 4-81　记录 X2 点

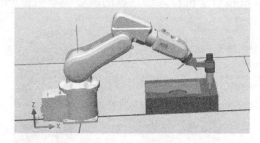

图 4-82　记录 Y1 点

10）对自动生成的工件坐标系数据进行确认后，单击"确定"，如图 4-83 所示。

11）设定手动操作界面项目，使用线性动作模式，验证新建立的工件坐标，如图 4-84 所示。

3. 有效载荷

对于搬运机器人，除要正确设定工具的数据 tooldata 外，还要设定搬运对象的重量、重心等载荷数据 loaddata，以协调机器人的运动，减少对机器人的损伤，提高运动精度。

图 4-83　工件坐标系数据生成

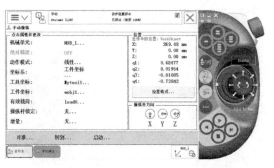

图 4-84　工件坐标系验证

下面介绍创建有效载荷的操作过程。

1）在手动操纵界面中，单击"有效载荷"，进入到有效载荷选择界口，单击"新建"，如图 4-85 所示。

2）对有效载荷数据属性进行设定后，单击"确定"，如图 4-86 所示。

图 4-85　创建有效载荷

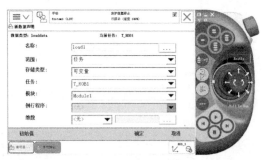

图 4-86　设定有效载荷数据属性

3）选择 load1，单击"编辑→更改值"，如图 4-87 所示。

4）在如图 4-88 所示的界面中，根据实际情况设定搬运对象的质量 mass（单位 kg），以及相对于机器人法兰盘的重心偏移数据 cog 的 x、y 和 z 值（单位 mm）。

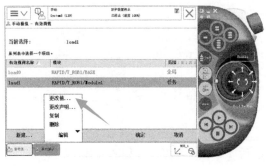

图 4-87　更改有效载荷

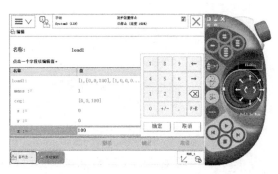

图 4-88　设定有效载荷数值

5）当机器人夹取工件时，选择有效载荷 load1，如图 4-89 所示，当机器人释放工件时，改回 load0。

6）在 RAPID 编程中，对有效载荷的实时调整方法如图 4-90 所示。

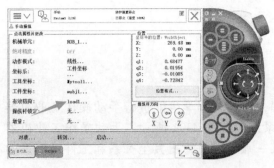

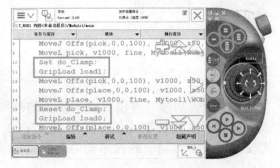

图 4-89　选择有效载荷 load1　　　　图 4-90　有效载荷的实时调整方法

三、系统备份与恢复

ABB 工业机器人数据备份的对象是所有正在系统内运行的 RAPID 程序和系统参数，当机器人系统错乱或重新安装新系统时，可以通过备份快速地把机器人恢复到备份时的状态。

1. 系统备份

ABB 工业机器人使用时，一定要按如下步骤做好系统备份。

进入"主菜单"→单击"备份与恢复"→选择"备份当前系统"→选择"要备份的文件夹""备份路径"（单击"…"，选择备份存放的位置）和"备份将被创建在…"→单击"备份"，进行备份操作。

2. 系统恢复

进入"主菜单"→单击"备份与恢复"→选择"恢复系统"→在"备份文件夹"中选择将要恢复的文件夹→单击"恢复"→确定要继续，对话框单击"是"。

四、标定机器人机械原点

ABB 工业机器人 6 个关节轴都有一个机械原点的位置。在以下的情况，我们需要对机械原点的位置进行转数计数器更新操作：

1）更换伺服电动机转数计数器电池后。

2）当转数计数器发生故障，修复后。

3）转数计数器与测量板之间断开过以后。

4）断电后，机器人关节轴发生了移动。

5）当系统报警提示"10036 转数计数器未更新"时。

机械原点标定的步骤如下：

进入"主菜单"→选择"手动操纵"→手动把"1-6 轴"（轴标定的顺序为 4-5-6-1-2-3）运动到机械原点的刻度位置→返回→选择"校准"→单击进入"ROB_1 校准"→单击"手动方法（高级）"→单击"更新转数计数器"→确定要继续，对话框单击"是"→单击"确定"→选择"全选"→单击"更新"→重启机械原点，标定成功。

一、训练任务

为使学生加深对本项目所学知识的理解，达到培养学生能进行手动操作工业机器人的能力。本项目训练任务采用 IRB1600 系统，如图 4-91 所示，手动操作工业机器人使其以关节运动、线性运动等方式到达某一点，并进行工具坐标系和工件坐标系的定义。

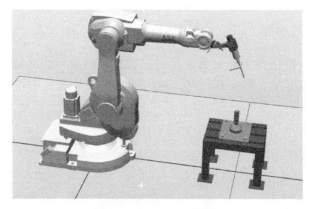

图 4-91 IRB1600 系统图

二、训练内容

本项目训练内容可参考表 4-3。训练内容可以是 IRB1600 系统图，也可以是自选的机器人系统。

表 4-3 工业机器人手动操作训练任务单

学习主题	工业机器人手动操作	
重点难点	重点：仿真软件 RobotStudio 的应用，手动操作工业机器人运动 难点：手动操作工业机器人运动	
训练目标	知识能力目标	1）通过学习，掌握工业机器人仿真工作站的布局；掌握示教器结构、操作界面及按键功能 2）搭建工业机器人最小仿真系统；能利用示教器以及虚拟示教器手动操作工业机器人 3）能手动操作工业机器人进行线性运动、重定位运动
	素养目标	1）提高解决实际问题的能力，具有一定的专业技术理论 2）养成独立工作的习惯，能够正确制订工作计划 3）培养学生良好的职业素质及团队协作精神
参考资料学习资源	教材、图书馆相关书籍；课程相关网站；网络检索等	
学生准备	教材、笔、笔记本、练习纸	

（续）

学习主题	工业机器人手动操作		
工作任务	任务步骤	任务内容	任务实现描述
	明确任务	提出任务	
	分析过程 （学生借助于参考资料、教材和教师提出的引导问题，自己做一个工作计划，并拟定出检查、评价工作成果的标准要求）	工业机器人系统的构成	
		填写控制柜按键功能 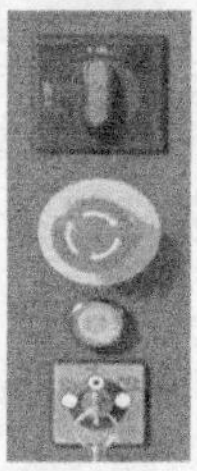 	
		根据标号写出示教器各部分对应的功能 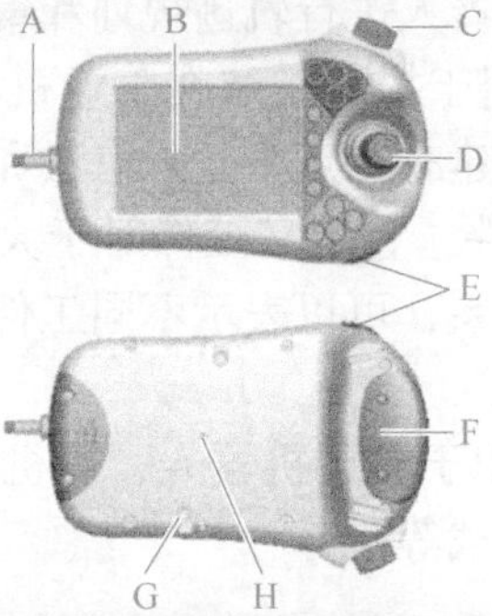 	
		机器人运动模式（关节运动、线性运动和重定位运动）的选择	
		利用示教器手动操作机器人运行到指定点（圆柱体的顶面圆心）	
		工具坐标系的定义	
		工件坐标系的定义	

三、训练评价

请在表 4-4 教学检查与考核评价表里进行学生自评、小组互评和教师评价。

表 4-4　教学检查与考核评价表

检查项目	检查结果及改进措施	分值	学生自评	小组互评	教师评价
练习结果正确性		20 分			
知识点的掌握情况 （应侧重手动操作工业机器人进行线性运动、重定位运动，示教器的使用，工具坐标系和工件坐标系的定义）		40 分			
能力控制点检查		20 分			
课外任务完成情况		20 分			
综合评价	学生自评：		小组互评：		教师评价：

本项目主要采用手动方式操作工业机器人，其主要内容有：

1）RobotStudio 以 ABB VirtualController 为基础，与机器人在实际生产中运行的软件完全一致。因此，通过 RobotStudio 可执行十分逼真的模拟，所用均为实际使用的真实机器人程序和配置文件。所有可以在实际工作台上进行的工作都可以在虚拟示教台上完成。

2）手动操作机器人运动有单轴运动、线性运动和重定位运动 3 种模式。

3）示教器（FlexPendand）是进行机器人的手动操作、程序编写、参数配置以及监控用的手持装置，也是我们最常打交道的控制装置。ABB 工业机器人示教器主要由连接电缆、触摸屏、紧急停止按钮、手动操作摇杆、USB 接口、使能器按钮、触摸屏用笔、示教器复位按钮和快捷键单元等组成。

4）机器人系统的坐标系包含大地坐标系、基坐标系、工具坐标系及工件坐标系等。规定坐标系的目的在于对机器人进行轨迹规划和编程时，提供一种标准符号。

5）工具数据 tooldata 用于描述安装在工业机器人第 6 轴上的工具 TCP、重量、重心等参数数据。工具坐标系新建有四点法、五点法和六点法等。

6）工件坐标系对应工件，它定义工件对于大地坐标系（或其他坐标系）的位置。机器人可以拥有若干工件坐标系，可以表示不同工件，也可以表示同一工件在不同位置的若干副本。

7）载荷数据 loaddata 用于搬运机器人，是机器人的一个重要参数，可以协调机器人的运动，防止机器人运动过载等。

思考与习题

4-1　选择题

（1）下列不属于手动操作机器人模式的是（　　）。

A. 单轴运动　　　　　B. 线性运动　　　　　C. 重定位运动　　　　D. 重复运动

（2）在 RobotStudio 手动状态下，进行单轴运动的手动操作以及线性操作，将工具移动至 P1 点，需要调整视图视角，用的快捷键为（　　）。

A. Ctrl+ 左键　　　　B.Ctrl+Shift+ 左键　　　C. 滚键　　　　　　　D. Shift+ 左键

（3）下列不属于工具坐标系新建方法的是（　　）。

A. 四点法　　　　　　B. 五点法　　　　　　C. 六点法　　　　　　D. 三点法

（4）工具坐标系新建时，获得最为准确的工具 TCP 的方法是（　　）。

A. 四点法　　　　　　B. 五点法　　　　　　C. 六点法　　　　　　D. 三点法

（5）使用六点法定义工具坐标系时，第四点应使机器人的工具参考点与固定点（　　）。

A. 任意的姿态　　　　B. 垂直　　　　　　　C. X 方向移动　　　　D. Z 方向移动

（6）工具坐标系新建后，当所有点都记录完成时，请单击"确认"，出现工具坐标系计算结果，包括最大、最小和平均误差。一般平均误差允许在（　　）内。

A. 0.4mm　　　　　B. 1mm　　　　　C. 2mm　　　　　D. 0.1mm

（7）工件坐标系定义时需要定义的用户点数为（　　）。

A. 4 点　　　　　B. 5 点　　　　　C. 6 点　　　　　D. 3 点

4-2　名词术语解释

单轴运动　　线性运动　　重定位运动　　工具 TCP

4-3　ABB 工业机器人示教器是如何使用的？

4-4　机器人有几种坐标系？分别应用在什么情况？

4-5　实际应用中如何确保机器人工具坐标系和工件坐标系定义的精度？

4-6　定义工件坐标系有什么优点？

4-7　简述工业机器人的安全操作注意事项。

项目 5

工业机器人的示教编程

项目目标

➤知识目标：掌握常用的工业机器人运动指令；掌握工业机器人程序的构成特点；掌握工业机器人程序的编写和编辑方法。

➤能力目标：能根据动作轨迹选用正确的运动指令，对工业机器人进行示教编程完成具体任务；能利用示教器编辑调试程序，如程序的修改、复制、粘贴、删除等，实现程序的单周运行与连续运行；能对工业机器人进行示教编程完成具体任务。

➤素养目标：通过编写工业机器人程序，培养学生的科学精神和勇于开拓的创新精神；通过学习工业机器人运动指令，加强学生的实践锻炼和专业训练；通过调试简单的程序，培养学生专心致志和坚持不懈的精神。

项目分析

项目4学习了手动操作工业机器人运行到指定点，本项目在此基础上进行点的示教，生成运动的轨迹，使工业机器人自动运行。

本项目侧重于ABB工业机器人作业仿真软件RobotStudio的示教编程，根据动作轨迹选用运动指令，对机器人进行示教编程完成具体任务。在实践环节中，使学生认识工业机器人的实际运用，能够运用学到的知识分析和解决问题。

内容如下：解压缩文件"ST_Teaching"，利用示教器编程，使工业机器人能沿着工件的轮廓线自动运行，如图5-1所示。

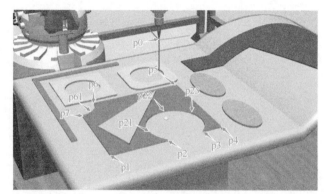

图 5-1　工业机器人示教点

项目知识

示教编程是一项成熟的技术，也

是目前大多数工业机器人的主要编程方式，采用这种方法时，程序编制是在机器人现场进行的。首先，操作者必须把机器人末端执行器移动至目标位置，并把此位置对应的机器人各关节的位置、姿态、运动参数、工艺参数等信息写入存储单元，并自动生成一个连续执行全部操作的程序，这是示教过程。当要求复现这些动作时，只需给机器人一个启动命令，机器人将精确地按示教动作，一步步完成全部操作。示教编程的优点是操作简单、易于掌握，而且示教再现过程很快，示教之后即可应用。

通常将工业机器人的运动看作是工具坐标系相对于工件坐标系的运动。这种描述方法既适用于各种工业机器人，也适用于同一工业机器人中安装的各种工具。对于进行抓放作业的工业机器人（如用于上下料），需要描述他的起始状态和目标状态，即工具坐标系的起始值和目标值，用点来表示工具坐标系的位置和姿态，称为点到点运动（Point to Point，简称 PTP）。对于另外一些作业，如涂胶、弧焊等，不仅要规定机器人的起点和终点，而且要指明两点间的若干中间点，使机器人沿特定的路径运动，称为连续轨迹运动（Continous Path，简称 CP）。

5.1　机器人指令

机器人的示教再现过程是分为 4 个步骤进行的，它包括：

1）示教。操作者把规定的目标动作（包括每个运动部件和每个运动轴的动作）一步一步地教给机器人。示教的简繁标志着机器人自动化水平的高低。

2）记忆。机器人将操作者所示教的各个点的动作顺序信息、动作速度信息、位姿信息等记录在存储器中。存储信息的形式、存储容量的大小决定机器人能够进行操作的复杂程度。

3）再现。将示教信息再次浮现，即根据需要，将存储器所存储的信息读出，向执行机构发出具体的指令。至于是根据给定顺序再现，还是根据工作情况再现，由机器人自动选择相应的程序。再现功能的不同标志着机器人对工作环境的适应性。

4）操作。机器人以再现信号作为输入指令，使执行机构重复示教过程规定的各种动作。

在示教再现这一动作循环中，示教和记忆是同时进行的；再现和操作也是同时进行的。这种方式是机器人控制中比较方便和常用的方法之一。

示教的方法有很多种，有主从式、编程式、示教盒式等。

主从式是由结构相同的大、小两个机器人组成，当操作者对主动小机器人手把手进行操作控制时，由于两机器人所对应关节之间装有传感器，所以从动大机器人可以以相同的运动姿态完成示教操作。

编程式是运用上位机进行控制，将示教点以程序的格式输入到计算机中，再现时，按照程序语句一条一条的执行。这种方法除计算机外，不需要任何其他设备，简单可靠，适用小批量生产、单个机器人的控制。

示教盒式和编程式控制的方法大体一致，只是由示教盒中的单片机代替了计算机，从而使示教过程简单化。这种方法由于成本较高，所以适用在较大批量的成型产品生产中。

1. 机器人运动指令

工业机器人在空间中运动主要有线性运动（MoveL）、关节运动（MoveJ）、圆弧运动

（MoveC）和绝对位置运动（MoveAbsJ）4 种方式。

（1）线性运动指令（MoveL） 线性运动是机器人的 TCP 从起点到终点之间的路径始终保持为直线。机器人以线性移动方式运动至目标点，当前点与目标点两点决定一条直线，机器人运动状态可控，运动路径保持唯一，可能出现死点，常用于机器人直线运动。

使用 MoveL 指令时，只需示教确定路径的起点和终点。一般应用在对路径要求高的场合，如焊接、激光切割、涂胶等。指令如下：

```
MoveL  p1,v100,z50,tool1/WObj:=wobj1
```

指令数据解析见表 5-1。

表 5-1　指令数据解析

参数	含义
MoveJ	指令名称
p1	目标点位置
v100	运动速度（mm/s）
z50	转弯区半径（mm）
tool1	工具坐标系数据
wobj1	工件坐标系数据

该指令表示的含义是：机器人的 TCP 从当前向 p1 点运动，速度是 100mm/s，转弯区数据是 50mm，距离 p1 点还有 50mm 的时候开始转弯，使用的工具坐标系是 tool1，工件坐标系是 wobj1。

观察下列指令，对比 z 值和 fine 的区别。

```
MoveL  p1,v100,z30,tool1/WObj:=wobj1;
MoveL  p2,v100,fine,tool1/WObj:=wobj1;
```

解析： z30 指机器人 TCP 不到达目标点，而是在距离目标点 30mm 处圆滑绕过目标点（见图 5-2 中的 p1 点）。转弯区数值越大，机器人的动作路径就越圆滑与流畅。

fine 指机器人 TCP 达到目标点（见图 5-2 中的 p2 点），在目标点速度降为零。机器人动作有停顿，如果是一段路径的最后一个点，一定要为 fine。

例 5-1　使机器人以 100mm/s 的速度，沿长 200mm、宽 100mm 的长方形路径运动。机器人的运动路径如图 5-3 所示，机器人从起始点 p_1，经过 p_2、p_3、p_4 点，回到起始点 p_1。

工业机器人的长方形轨迹编程

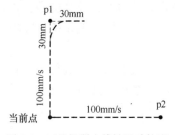

图 5-2　工业机器人线性运动轨迹

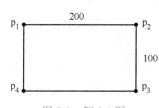

图 5-3　例 5-1 图

解：

方法一：机器人示教 p_1、p_2、p_3 和 p_4 点。机器人长方形路径的程序如下：

```
MODULE rectangle
  CONST                                                          robtarget
  p1:=[[188.9,100.00,501.15],[0.323061,-6.26621E-7,0.946378,7.47701E-07],
  [0,-1,0,0],[9E+09,9E+09,9E+09,9E+09,9E+09,9E+09]];
  CONST                                                          robtarget
  p2:=[[388.9,100.00,501.15],[0.323061,-6.26621E-7,0.946378,7.47701E-07],
  [0,-1,0,0],[9E+09,9E+09,9E+09,9E+09,9E+09,9E+09]];
  CONST                                                          robtarget
  p3:=[[388.9,0,501.15],[0.323061,-6.26621E-7,0.946378,7.47701E-
  07],[0,-1,0,0],[9E+09,9E+09,9E+09,9E+09,9E+09,9E+09]];
  CONST                                                          robtarget
  p4:=[[188.9,0,0,501.15],[0.323061,-6.26621E-7,0.946378,7.47701E-
  07],[0,-1,0,0],[9E+09,9E+09,9E+09,9E+09,9E+09,9E+09]];
  PROC main()
    rectFunc;
  ENDPROC
  PROC rectFunc()
    MoveL  p1,v100,fine,too11/WObj:=wobj1;
    MoveL  p2,v100,fine,too11/WObj:=wobj1;
    MoveL  p3,v100,fine,too11/WObj:=wobj1;
    MoveL  p4,v100,fine,too11/WObj:=wobj1;
    MoveL  p1,v100,fine,too11/WObj:=wobj1;
  ENDPROC
ENDMODULE
```

方法二：采用 Offs 函数确定运动路径的准确数值。

为了精确确定 p_1、p_2、p_3、p_4 点，可以采用 Offs 函数，通过确定参变量的方法进行点的精确定位。

以选定的目标点为基准，沿着选定工件坐标系的 X、Y、Z 轴方向偏移一定的距离。

Offs（p_1,x,y,z）代表一个离 p_1 点 X 轴偏差量为 x，Y 轴偏差量为 y，Z 轴偏差量为 z 的点。例如：

```
MoveL Offs(p10,0,0,10),v1000, z50,tool1\WObj:=wobj1;
```

将机器人 TCP 移动至基准点 p10，沿着 wobj1 的 Z 轴正方向偏移 10mm 的位置。

使用方法为：将光标移至目标点，双击，选择"功能"，采用切换键选择所用 Offs 函数，并输入数值。如 p_3 点程序语句为：

```
MoveL Offs(p1, 200,100, 0),v100,fine,tool1
```

机器人长方形路径的程序如下：

```
MODULE rectangle_offset
  CONST                                                          robtarget
```

```
   p1:=[[188.9,100.00,501.15],[0.323061,-6.26621E-7,0.946378,7.47701E-07],[0,
   -1,0,0],[9E+09,9E+09,9E+09,9E+09,9E+09,9E+09]];
   PROC main()
       rectOffset;
   ENDPROC
   PROC rectOffset()
   MoveL  p1,v100,fine,tool1/WObj:=wobj1;
   MoveL  Offs(p1, 200, 0, 0),v100,fine,tool1/WObj:=wobj1;
   MoveL  Offs(p1, 200, 100, 0),v100,fine,tool1/WObj:=wobj1;
   MoveL  Offs(p1, 0, 100, 0),v100,fine,tool1/WObj:=wobj1;
   MoveL  p1,v100,fine,tool1/WObj:=wobj1;
   ENDPROC
ENDMODULE
```

（2）关节运动指令（MoveJ）　机器人以最快捷的方式运动至目标点，机器人运动状态不可控，但运动路径保持唯一。关节运动指令运用在对路径精度要求不高的情况下，机器人的工具中心点（TCP）从一个位置移动到另一个位置，两个位置之间的路径不一定是直线。指令如下：

```
MoveJ  p10,v300,z50,tool1
```

该指令表示的含义为：机器人的 TCP 从当前位置向 p10 点运动，速度是 300mm/s，转弯区数据是 50mm，距离 p10 点还有 50mm 的时候开始转弯，使用的工具坐标系是 tool1。

关节运动指令适合机器人大范围运动，运动过程中不易出现机械死点状态。工业生产中用到该指令的机器人操作有搬运、分拣、码垛等。

（3）圆弧运动指令（MoveC）　机器人通过中间点以圆弧移动方式运动至目标点，圆弧路径是在机器人可到达的空间范围内定义 3 个位置点，第一个点是圆弧的起点（当前点），第二点用于确定圆弧的曲率，第三个点是圆弧的终点，机器人运动状态可控，运动路径保持唯一，常用于机器人直线运动。指令如下：

工业机器人的
圆形轨迹编程

```
MoveC  p10,p20,v300,z1,tool1
```

该指令表示的含义为：机器人的 TCP 从当前位置向中点 p10、终点 p20 做圆弧运动，速度是 300mm/s，转弯区数据是 1mm，距离 p20 点还有 1mm 的时候开始转弯，使用的工具坐标系是 tool1。

圆弧运动指令 MoveC 在做圆弧运动时一般不超过 240°，所以一个完整的圆通常使用两条圆弧指令来完成。

例 5-2　使机器人以 100mm/s 的速度沿圆心为 P 点，半径为 100mm 的圆运动。机器人的运动路径如图 5-4 所示。机器人从起始点 P，经过 P_1、P_2、P_3、P_4、P_1 点，回到起始点 P。

解：

方法一：机器人示教 P、P_1、P_2、P_3、P_4 点。机器人圆形路径的程序如下：

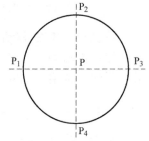

图 5-4　例 5-2 图

```
MODULE circular
```

```
    CONST                                             robtarget
    p:=[[380.00,0,500.00],[0.351681,-0.0504278,0.934568,0.0189762],
    [-1,0,-1,0],[9E+09,9E+09,9E+09,9E+09,9E+09,9E+09]];
    CONST                                             robtarget
    p1:=[[280.00,0,500.00],[0.351681,-0.0504278,0.934568,0.0189762],
    [-1,0,-1,0],[9E+09,9E+09,9E+09,9E+09,9E+09,9E+09]];
    CONST                                             robtarget
    p2:=[[380.00,100.00,500.00],[0.351681,-0.0504278,0.934568,0.0189762],
    [-1,0,-1,0],[9E+09,9E+09,9E+09,9E+09,9E+09,9E+09]];
    CONST                                             robtarget
    p3:=[[480.00,0,500.00],[0.351681,-0.0504278,0.934568,0.0189762],
    [-1,0,-1,0],[9E+09,9E+09,9E+09,9E+09,9E+09,9E+09]];
    CONST                                             robtarget
    p4:=[[380.00,-100.000,500.00],[0.351681,-0.0504278,0.934568,0.0189762],
    [-1,0,-1,0],[9E+09,9E+09,9E+09,9E+09,9E+09,9E+09]];
    PROC main()
        circularFunc;
    ENDPROC
    PROC circularFunc()
        MoveJ  p,v100,z50,tool1/WObj:=wobj1;
        MoveL  p1,v100,fine,tool1/WObj:=wobj1;
        MoveC  p2,p3,v100,fine,tool1/WObj:=wobj1;
        MoveC  p4,p1,v100,fine,tool1/WObj:=wobj1;
        MoveJ  p,v100,fine,tool1/WObj:=wobj1;
    ENDPROC
ENDMODULE
```

方法二：采用 Offs 函数确定运动路径的准确数值，机器人示教 P 点，圆形轨迹程序如下：

```
MODULE circular_offset
    CONST                                             robtarget
    p:=[[380.00,0,500.00],[0.351681,-0.0504278,0.934568,0.0189762],
    [-1,0,-1,0],[9E+09,9E+09,9E+09,9E+09,9E+09,9E+09]];
    PROC main()
    circOffset;
    ENDPROC
    PROC circOffset()
    MoveJ  p,v100,z50,tool1/WObj:=wobj1;
    MoveL  Offs(p,-100,0,0),v100,fine,tool1/ WObj:=wobj1;
    MoveC  Offs(p,0,100,0),offs(p,100,0,0),v100,fine,tool1/ WObj:=wobj1;
    MoveC  Offs(p,0,-100,0),offs(p,-100,0,0),v100,fine,tool1/ wObj:=Wobj1;
    MoveJ  p,v100,fine,tool1/ WObj:=wobj1;
    ENDPROC
ENDMODULE
```

（4）绝对位置运动指令（MoveAbsJ） 绝对位置运动指令是使用 6 个轴和外轴的角度值来定义机器人运动的目标位置数据。常用于机器人 6 个轴回到机械零点（0°）的位置。指令如下：

```
MoveAbsJ   *\NoEoffs,v100,z50,tool1;
```

指令数据解析见表 5-2。

表 5-2 指令数据解析

参数	含义
MoveAbsJ	指令名称
*	目标点位置
\NoEoffs	外轴不带偏移数据
v100	运动速度（mm/s）
z50	转弯区半径（mm）
tool1	工具坐标系数据

例如：

```
PERS jointarget jpos0:=[[0,0,0,0,0,0],[9E+09, 9E+09, 9E+09, 9E+09, 9E+09, 9E+09]];
```

关节目标点数据中各关节轴为零点。

```
MoveAbsJ jpos0\NoEoffs,v100,z50,tool1\WObj:=wobj1;
```

则机器人运行至各关节轴零点位置。

2. 条件逻辑判断指令

条件逻辑判断指令用于对条件进行判断后，执行相应的操作，是 RAPID 中重要的组成部分。

（1）紧凑型条件判断指令（Compact IF） 紧凑型条件判断指令用于当一个条件满足了以后，就执行一句指令。例如：

```
IF flag1 = TRUE  Reset do1;
```

表示功能为：如果 flag1 的状态为 TRUE，则 do1 被复位为 0。

（2）条件判断指令（IF） 条件判断指令就是根据不同的条件去执行不同的指令。例如：

```
IF reg1>5 THEN
Set do1;
ENDIF
```

表示功能为：如果 reg1>5 条件满足，则执行 Set do1 指令。

如果采用分支指令，其用法如下：

```
IF <exp1> THEN              :符合判断条件 1
    "Yes-part 1"            :执行 "Yes-part 1" 指令
ELSEIF <exp2> THEN          :不符合判断条件1,符合判断条件 2
    "Yes-part 2"            :执行 "Yes-part 2" 指令
ELSE
    "Not-part"             :不符合任何判断条件,执行 "Not-part" 指令
ENDIF
```

注意: 条件判断指令的条件数量可以根据实际情况进行增加与减少。

（3）重复执行判断指令（FOR）　重复执行判断指令用于一个或多个指令需要重复执行次数的情况。例如:

```
FOR i FROM 1 TO 10 DO
routine1;
ENDFOR
```

表示功能为:重复执行 10 次 routine1 里的程序。

FOR 指令后面跟的是循环计数值,不用在程序数据中定义,每次运行一遍 FOR 循环中的指令后会自动执行加 1 操作。循环判断标识符 i 等小写字母,是标准循环指令,常在通信口读写、数组数据赋值等数据处理中使用。

（4）条件判断指令（WHILE）　条件判断指令用于在给定条件满足的情况下,一直重复执行对应的指令。例如:

```
WHILE reg1<reg2 DO
reg1:=reg1+1;
ENDWHILE
```

表示功能为:如果变量 reg1<reg2 条件一直成立,则重复执行 reg1 自加 1,直至 reg1<reg2 条件不成立为止。

（5）多分支指令（TEST）　多分支指令是指根据指定变量的判断结果,执行对应程序。例如:

```
TEST reg1
CASE 1:
routine1;
CASE 2:
Routine2;
DEFAULT:
Stop;
ENDTEST
```

表示功能为:判断 reg1 数值,若为 1,则执行 routine1;若为 2,则执行 routine2,否则执行 Stop。

在 CASE 指令中,若多种条件下执行同一操作,则可合并在同一 CASE 指令中,如:

```
CASE 1,2,3:routine1;
```

3. 其他常用指令

（1）注释行（!） 在语句前面加上"!"，则整行语句作为注释行，不被程序执行。例如：

```
!Goto the pick position;
MoveL pPick,v1000,fine,tool1\WObj:=wobj1;
```

（2）调用例行程序指令（ProcCall） 调用例行程序指令是指在指定的位置调用例行程序。

（3）返回例行程序指令（RETURN） 当此指令被执行时，则马上结束本例行程序的执行，返回程序指针到调用此例行程序的位置。

5.2 程序模块和例行程序

RAPID 程序中包含了一连串控制机器人的指令，执行这些指令可以实现对机器人的控制操作。

机器人的程序编辑器中存有程序模板，编程时按照程序模板在里面添加程序指令语句即可。ABB 工业机器人存储器包含应用程序和系统模块两部分。存储器中只允许存在一个主程序，所有例行程序（子程序）与数据无论存在什么位置，全部被系统共享。因此，所有例行程序与数据除特殊情况外，名称不能重复。

1. 应用程序

应用程序（Program）是使用 RAPID 编程语言的特定词汇和语法编写而成的。RAPID 是一种英文编程语言，所包含的指令可以移动机器人、设置输出、读取输入，还能实现决策、重复其他指令、构造程序和与系统操作员交流等功能。

应用程序由主模块和程序模块组成。

（1）主模块（Main module） 包含主程序（Main routine）、程序数据（Program data）和例行程序（Routine）。

在 RAPID 程序中，只有一个主程序 main，存在于任意一个程序模块中，并且是作为整个 RAPID 程序执行的起点。

（2）程序模块（Program modules） 每一个程序模块包含了程序数据、例行程序、中断程序和功能程序 4 种对象，但不一定在一个模块中都有这 4 种对象，程序模块之间的数据、例行程序、中断程序和功能程序是可以互相调用的。

根据不同的用途创建多个程序模块，如专门用于主控制的程序模块、用于位置计算的程序模块、用于存放数据的程序模块，这样便于归类管理不同用途的例行程序与数据。

2. 系统模块

系统模块（System modules）多用于系统方面的控制。系统模块包含系统数据（System data）和例行程序（Routine）。

所有 ABB 工业机器人都自带两个系统模块，即 USER 模块和 BASE 模块。使用时不能对系统自动生成的任何模块进行修改。

5.3   示教编程案例

案例 1：完成如图 5-1 所示的机器人轨迹示教编程，即机器人从起始点 p1，直线运动到 p2 点，再经两个圆弧运动到 p3 点，继续沿着轮廓线运动，依次经过 p4、p5、p6、p7 点回到起始点 p1 后，再到工具中心点 p0，如此反复。

在编程之前，已经按照项目 4 介绍的方法定义了工件坐标系 wobj1。操作步骤如下：

1. 创建 Module1 程序模块

1）在主界面下单击"程序编辑器"，打开程序编辑器，如图 5-5 所示。

2）在弹出的对话框中，单击"取消"，进入模块列表界面，如图 5-6 所示。

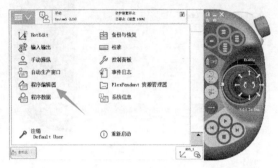

图 5-5 单击"程序编辑器"   图 5-6 单击"取消"

3）在模块列表界面中，单击"文件"，选择"新建模块"，如图 5-7 所示。

4）在弹出的模块对话框中，单击"是"，如图 5-8 所示。

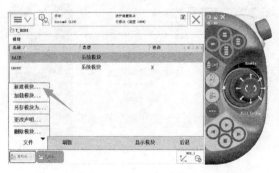

图 5-7 选择"新建模块"   图 5-8 单击"是"

5）采用默认的 Module1 程序模块，单击"确定"，如图 5-9 所示，即可创建 Module1 程序模块。**注意**：程序模块的名称可以根据需要自己定义，以方便管理。

2. 建立 main 主程序

1）选中"Module1 程序模块"并单击，如图 5-10 所示。

2）在弹出的界面中，单击"例行程序"，进行例行程序的创建，如图 5-11 所示。

3）单击"文件"，选择"新建例行程序"，如图 5-12 所示。

4）单击"ABC..."，如图 5-13 所示。在弹出的界面内将其名称设定为"main"，然后单击"确定"。

图 5-9　单击"确定"

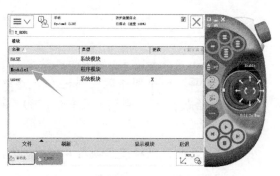

图 5-10　单击"Module1 程序模块"

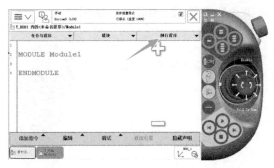

图 5-11　单击"例行程序"

图 5-12　选择"新建例行程序"

5）返回例行程序声明界面内，单击"确定"，如图 5-14 所示。主程序架构建立完毕。

图 5-13　单击"ABC..."

图 5-14　单击"确定"

3. 编辑主程序

1）单击"main（ ）"，进入程序编辑界面，如图 5-15 所示。

2）在程序编辑窗口的 main（ ）程序中，选中"<SMT>"，单击"添加指令"，编写程序，如图 5-16 所示。

3）单击 MoveJ，在程序中自动添加了该指令，<SMT> 是指令插入的位置，如图 5-17 所示。

4）双击"*"，进入指令参数修改界面，如图 5-18 所示。

5）单击"新建"，如图 5-19 所示。

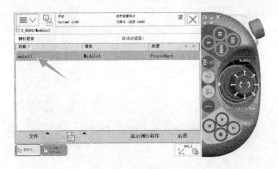

图 5-15　单击 "main（）"

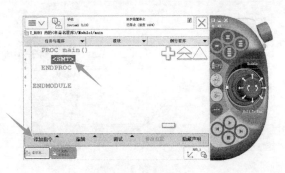

图 5-16　编写程序

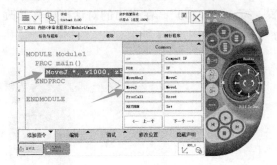

图 5-17　添加指令

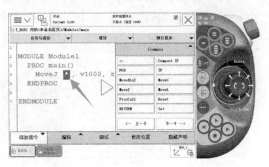

图 5-18　双击 "＊"

6）单击 "…"，在新数据声明界面中，将 p10 改为 p1，如图 5-20 所示。

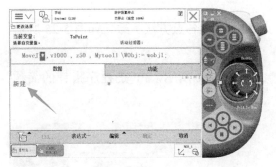

图 5-19　单击 "新建"

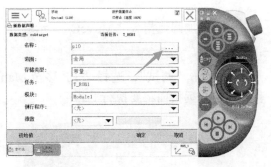

图 5-20　单击 "…"

7）单击 "确定" 后，可以看到原来位置的 "＊" 变为了 p1，然后单击 "确定"，如图 5-21 所示。返回主程序编辑窗口。

8）选择合适的动作模式，使用摇杆将机器人运动到所希望的 p1 位置，在主程序编辑界面，单击 "修改位置"，如图 5-22 所示。将机器人的当前位置数据记录下来，在弹出的对话框中，单击 "修改" 进行确认。该位置数据也可在以后进行修改。双击 "v1000"，在弹出的对话框中将其改为 "v300"。需要确切到达 p1，双击 "z50"，在弹出的对话框中选择 "fine"。双击 "tool0"，在弹出的对话框中选择 "Mytool1"。

9）回到主程序编写界面后，再次通过添加指令添加一条 MoveL 指令，以控制机器人移动到 p2 点。单击 "MoveL" 指令，会提示该指令在下方还是上方，根据需要单击下方，如图 5-23 所示。

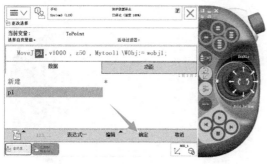

图 5-21　单击"确定"　　　　　　　　　图 5-22　单击"修改位置"

10）位置点默认为 p11。同样的方法，把 p11 改为 p2，机器人工具末端移动到 p2 点，然后通过"修改位置"，记录下 p2 的位置。双击"v300"，在弹出的对话框中将其改为"v200"。p1 到 p2 为直线，无圆弧，仍为"fine"，如图 5-24 所示。

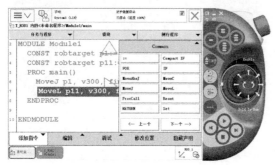

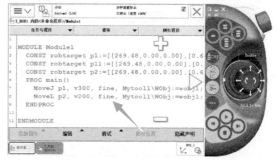

图 5-23　添加一条 MoveL 指令　　　　　　图 5-24　修改位置数据

11）添加圆弧指令"MoveC"，示教 p21、p22。其他各点方法一致，如图 5-25 所示。

4. 运行示教轨迹

1）单击"调试"，选择"PP 移至 Main"，如图 5-26 所示。PP 是程序指针的简称，程序指针永远指向将要执行的指令。

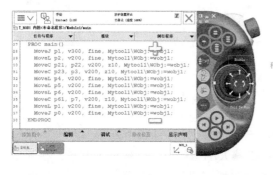

图 5-25　添加其他指令　　　　　　　　图 5-26　选择"PP 移至 Main"

2）按下使能按钮使电动机上电，单击"运行"，如图 5-27 所示。指令左侧出现的一个小机器人，表明实际机器人所在的位置。机器人就可按照示教的轨迹自动运行一次，即实现单周运动。若个别示教点位置姿态有问题，则单步运行，可确定位置姿态有问题的点，调整位置姿态后重新进行示教。

5. 简化主程序

为便于程序的管理，主程序一般比较简洁，本部分通过 ProcCall 调用子程序的方法，运行前面示教的运动轨迹。

1）参考建立 main 主程序的方法，建立一个 Path_10 例行程序。

2）返回 main 程序，调出编辑菜单，选中第一条指令，选择"编辑"，然后选中最后一条指令，单击"剪切"，如图 5-28 所示，将全部指令粘贴至 Path_10 的 <SMT> 中。

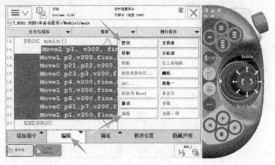

图 5-27　单击"运行"　　　　　　　　　　　　图 5-28　选中指令

3）在 main 程序中，选中要调用的例行程序的位置。在添加指令的列表中，选择"ProcCall"指令，如图 5-29 所示。选中要调用的例行程序 Path_10，然后单击"确定"。

4）单击"调试"，选择"PP 移至 Main"，单击"运行"，查看调用例行程序指令执行的结果，如图 5-30 所示。

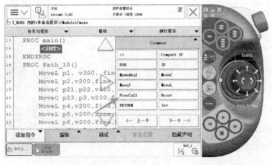
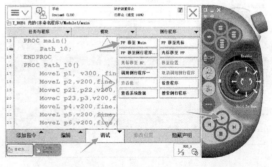

图 5-29　选择"ProcCall"指令　　　　　图 5-30　查看调用例行程序指令执行的结果

6. 连续运行示教轨迹

1）利用 WHILE 循环连续运行示教轨迹，选中第一条指令，单击"添加指令"，选择"WHILE"，如图 5-31 所示。双击" <EXP>"，在弹出的对话框中选择" TURE"。单击" <SMT>"，选择" ProcCall"指令，调用"Path_10"子程序。单击"调试"，选择" PP 移至 Main"。再单击"运行"即可实现连续运行示教轨迹。

2）利用 IF 连续运行示教轨迹，方法与利用 WHILE 相同。选中第一条指令，单击"添加指令"，选择" IF"，如图 5-32 所示。双击" <EXP>"，在弹出的对话框中选择" TURE"。单击" <SMT>"，选择" ProcCall"指令，调用"Path_10"子程序。单击"调试"，选择" PP 移至 Main"。再单击"运行"即可实现连续运行示教轨迹。

图 5-31　利用 WHILE 循环连续运行示教轨迹　　　图 5-32　利用 IF 连续运行示教轨迹

利用 FOR 循环运行 5 遍，应如何操作？

案例 2： 完成如图 5-1 所示工件的两个正方形外轮廓轨迹示教编程。

1）通过观察可得，两个正方形外轮廓一样，可分别定义两个工件坐标系，只用示教一次，另一个正方形外轮廓可通过修改工件坐标系获得。使用三点法定义两个工件坐标系 wobj1 和 wobj2，如图 5-33 所示。

2）在程序编辑器中建立模块 Module1，在模块 Module1 中建立 main 主程序和两个例行程序 squre1 和 squre2，如图 5-34 所示。

图 5-33　定义两个工件坐标系　　　　　　　图 5-34　建立主程序和例行程序

3）在 squre1 例行程序中编写程序指令，利用示教器把工具 TCP 靠近正方形一个边角，即 p1 点，如图 5-35 所示。添加指令 "MoveJ"，修改目标点为 p1，修改工件坐标系为 wobj1。在手动界面修改工件坐标为 wobj1，示教 p1 点。并依次示教编程其他点，完成机器人沿正方形轮廓运行，第一个正方形轮廓程序如图 5-36 所示。

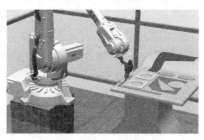

图 5-35　p1 点示教

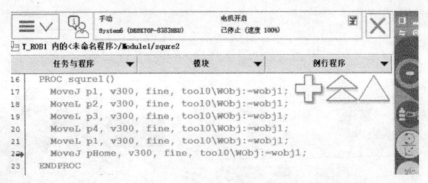

图 5-36　第一个正方形轮廓程序

4）复制第一个例行程序 squre1 中内容到 squre2 中，修改 fine 为 z10，修改工件坐标系为 wobj2，如图 5-37 所示。

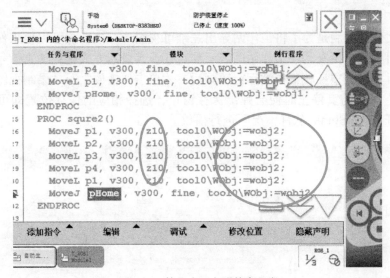

图 5-37　第二个正方形轮廓程序

5）在主程序 main 中分别调用例行程序 squre1 和 squre2，完成所要求任务。

项目拓展

本部分介绍视频与可执行文件的录制，即将前面生成的轨迹运行录制成视频，以及将工作站制作成可执行文件的方法，以便在没有安装仿真软件 RobotStudio 的计算机中观看机器人的运行情况。

一、视频录制

视频录制可分为三种模式（见图 5-38），一个是仿真录像，即将仿真录制为一段工作站动作内容的视频，当完成时，单击"停止录像"，录像停止，这时单击"查看录像"，即可查看视频内容；另一个是录制应用程序，即录制整个软件的界面；还有一个是录制图形，即仅捕获图形窗口，录制窗口中活动对象的视频。

图 5-38 视频录制

二、可执行文件录制

可执行文件的录制是为了将工作站导出三维可视图形，该功能可以使工作站运行动画的三维立体可视化，更有利于工作站的展示和观察。其录制方式是在仿真信号、程序制作已经完成，且能够完整反映工作站运行动画后，才单击"播放"→"录制视图"进行录制（见图 5-39），待到仿真停止时便会弹出保存窗口，选择相应的保存位置即可。可执行文件可在不打开 RobotStudio 软件情况下进行播放。

图 5-39 可执行文件录制

一、训练任务

解包文件"jiaoxue"，利用示教器编程，使工业机器人沿着工件的轮廓线自动运行，如图 5-40 所示。

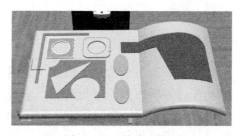

图 5-40 示教编程轨迹

二、训练内容

1）用示教器编程绘制第一个正方形和圆的轮廓。

2）利用 Offs 偏移指令改写第一个圆轮廓的程序，实现绘制第二个圆的轮廓。

3）请填写表5-3工业机器人示教编程训练任务单。训练基于的工作站可以是图5-1所示的机器人工作站，也可以是自选的工作站。

表5-3 工业机器人示教编程训练任务单

学习主题	工业机器人示教编程		
重点难点	重点：对机器人进行示教编程，完成具体任务 难点：熟练运用运动指令进行编程		
训练目标	知识能力目标	1）通过学习，能够掌握常用的机器人指令；掌握机器人程序的构成特点；掌握机器人的程序编写和编辑方法 2）学会编辑程序，如程序的修改、复制、粘贴、删除等 3）能够实现程序的单周运行与连续运行	
	素养目标	1）提高解决实际问题的能力，具有一定的专业技术理论 2）养成独立工作的习惯，能够正确制订工作计划 3）培养学生良好的职业素质及团队协作精神	
参考资料学习资源	教材、图书馆相关书籍；课程相关网站；网络检索等		
学生准备	教材、笔、笔记本、练习纸		
工作任务	任务步骤	任务内容	任务实现描述
	明确任务	提出任务	
分析过程 （学生借助于参考资料、教材和教师提出的引导问题，自己做一个工作计划，并拟定出检查、评价工作成果的标准要求）	分析过程	定义工具坐标系和工件坐标系	
		点的示教方法与步骤	
		运动指令的运用	
		单周运行	
		连续运行	

三、训练评价

请在表5-4教学检查与考核评价表里进行学生自评、小组互评和教师评价。

表5-4 教学检查与考核评价表

检查项目	检查结果及改进措施	分值	学生自评	小组互评	教师评价
练习结果正确性		20分			
知识点的掌握情况（应侧重指令的应用、示教方法与步骤、调试过程、功能的实现）		40分			
能力控制点检查		20分			
课外任务完成情况		20分			
综合评价	学生自评：	小组互评：		教师评价：	

项 目 总 结

机器人的示教再现过程是分为 4 个步骤进行的，它包括示教、记忆、再现和操作。

工业机器人在空间中运动主要有线性运动（MoveL）、关节运动（MoveJ）、圆弧运动（MoveC）和绝对位置运动（MoveAbsJ）4 种方式。

ABB 工业机器人存储器包含应用程序和系统模块两部分。应用程序由主模块和程序模块组成。主模块（Main module）包含主程序（Main routine）、程序数据（Program data）和例行程序（Routine）；程序模块（Program modules）包含程序数据、例行程序、中断程序和功能程序。

系统模块包含系统数据（System data）和例行程序（Routine）。所有 ABB 工业机器人都自带 USER 和 BASE 两个系统模块，用户不可删除。

 思考与习题

5-1　选择题

（1）下列属于直线运动指令的是（　　　）。

A. MoveJ　　　　　　　B. MoveL　　　　　　　C. MoveC　　　　　　　D. MoveAbsJ

（2）下列属于圆弧运动指令的是（　　　）。

A. MoveJ　　　　　　　B. MoveL　　　　　　　C. MoveC　　　　　　　D. MoveAbsJ

（3）下列属于关节运动指令的是（　　　）。

A. MoveJ　　　　　　　B. MoveL　　　　　　　C. MoveC　　　　　　　D. MoveAbsJ

（4）关于指令 MoveL Offs（p1,0,0,10）,v1000,z50,tool1\WObj:=wobj1; 下列说法正确的是（　　　）。

A. TCP 移动至 p1 为基准点，沿着 wobj1 的 Z 轴正方向偏移 10mm 的位置

B. TCP 移动至 p1 为基准点，沿着 tool1 的 Z 轴正方向偏移 10mm 的位置

C. TCP 移动至 p1 为基准点，沿着 wobj 的 Z 轴正方向偏移 10mm 的位置

D. TCP 移动至 p1 为基准点，沿着 tool1 的 X 轴正方向偏移 10mm 的位置

（5）关于转弯区特点描述错误的是（　　　）。

A. 机器人 TCP 不达到目标点

B. 转弯区数值越大，机器人的动作路径就越圆滑与流畅

C. 在目标点速度降为零

D. 速度较快

（6）运动指令中，不属于 fine 特点的是（　　　）。

A. 在目标点速度降为零　　　　　　　　　　B. 机器人动作有停顿

C. 速度较快　　　　　　　　　　　　　　　D. 应用在一段路径的最后一个点

（7）下列属于 ABB 工业机器人多分支指令的是（　　　）。

A. TEST　　　　　　　B. CASE　　　　　　　C. switch　　　　　　　D. while

（8）机器人经常使用的程序可以设置为主程序，每台机器人可以设置（　　　）主

程序。

A. 3 个　　　　　　　B. 5 个　　　　　　　C. 1 个　　　　　　　D. 无限制

5-2　机器人程序由哪几部分组成?

5-3　简述指令 MoveJ　p,v100,z50,too11/WObj:=wobj1 所表示的含义。

5-4　简述建立程序模块与例行程序的一般步骤。

5-5　fine 和 zone 的含义是什么? 分别用在什么场合?

5-6　编程实现机器人以 100mm/s 的速度, 沿长 100mm、宽 80mm 的长方形路径运动。

5-7　编程实现机器人以 100mm/s 的速度, 沿圆心 p 点, 半径为 200mm 的圆运动。

5-8　利用项目 4 构建的工业机器人的系统, 示教如图 5-41 所示的点, 利用示教器编程实现沿着工件的轮廓线自动运行, 即机器人从起始点 p1, 直线运动经过 p2、p3、p4 点, p4 点到 p5 点以及 p6 点到 p7 点为圆弧运动, 回到起始点 p1 后, 再到工具中心点 p0, 如此反复。

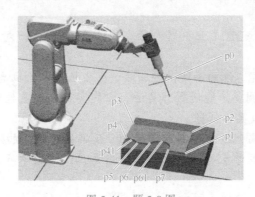

图 5-41　题 5-8 图

项目 6

工业机器人的离线编程

 项目目标

> 知识目标：掌握 ABB 工业机器人仿真软件 RobotStudio 对机器人进行离线编程方法和步骤。

> 能力目标：能创建工件的离线轨迹曲线，生成机器人的轨迹路径；能进行目标点的调整和机器人轴参数的调整；能进行仿真运行；能实现碰撞监控和 TCP 跟踪；能对工业机器人进行离线编程完成具体任务。

> 素养目标：通过离线编程，培养学生勤于反思的精神，加强学生的问题解决能力；通过实现碰撞监控，培养学生的安全意识和忧患意识；通过学习 TCP 跟踪，增强学生对风险的把控能力。

项目分析

工业机器人离线编程是利用计算机图形学，建立机器人及其工作环境的几何模型，再利用一些规划算法，通过对图形的控制和操作，在离线的情况下进行轨迹规划；通过对编程结果进行三维图形动画仿真，来检验编程的正确性，最后将生成的代码传到机器人控制器，以控制机器人运动，完成给定任务的一种方法。

示教编程方式在实际生产应用中存在如下主要技术问题：

1）机器人在线示教编程效率低，工作任务一旦改变，即使是很小的改变，也需要重新示教编程，难以适应当前柔性生产的需求。

2）示教的精度完全靠示教者的经验目测决定，对于复杂路径难以取得令人满意的示教效果。

3）对于一些需要根据外部信息进行实时决策的应用无能为力。

而离线编程可以简化机器人编程的进程，提高编程效率，是实现系统集成的必要的软件支撑系统。与示教编程相比，离线编程具有如下优点：

1）减少机器人停机的时间，当对下一个任务进行离线编程时，机器人仍可在生产线上继续工作。

2）使编程者远离危险的机器人操作现场，改善了工作环境。

3）离线编程系统使用范围广，可以对各种机器人进行编程，并能方便地实现优化编程。

4）便于和 CAD/CAM 系统结合，实现 CAD/CAM/ROBOTICS 一体化。

5）可使用高级计算机编程语言对复杂任务进行编程。

6）便于修改机器人程序。

工业机器人离线编程可以增加安全性，减少机器人不工作的时间和降低成本。机器人离线编程系统是机器人编程语言的拓展，通过该系统可以建立机器人和 CAD/CAM 之间的联系。

本项目侧重于 ABB 工业机器人作业仿真软件 RobotStudio 的离线编程，通过给定具体任务，自动生成机器人路径，并对此路径进行处理，转换成机器人程序代码，完成机器人轨迹程序的编写。使学生认识工业机器人的实际运用，能够运用学到的知识分析和解决问题。

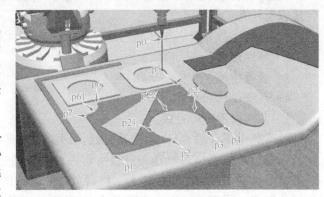

内容如下：解包压缩文件" ST_Teaching.rspag"，利用 ABB 工业机器人仿真软件 RobotStudio 进行离线编程，实现沿着工件的轮廓线自动运行，如图 6-1 所示。

图 6-1　工业机器人离线轨迹路径

6.1 离线编程系统的组成

机器人离线编程系统不仅要在计算机上建立起机器人系统的物理模型，而且要对其进行编程和动画仿真，以及对编程结果后置处理。一般来说，一个完善的机器人离线编程系统由多个部分组成。其中，主要的组成部分有用户接口、机器人系统 CAD 建模、图形仿真、自动编程、状态检测模块以及后置处理，如图 6-2 所示。

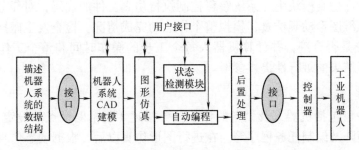

图 6-2　工业机器人离线编程系统的组成

1. 用户接口

机器人离线编程系统的一个关键问题是要有良好的机器人编程环境,以便于人机交互,从而帮助用户方便地进行系统的构建和编程操作,因此用户接口是很重要的。工业机器人一般提供两个用户接口,一个用于示教编程,另一个用于语言编程。示教编程接口可以用示教器直接编制机器人程序;语言编程接口则是用机器人语言编制程序,使机器人完成给定的任务。目前这两种接口已广泛用于工业机器人。

为便于操作,用户接口一般设计成交互式,用户可以用鼠标标明物体在屏幕上的方位,并能交互修改环境模型。

2. 机器人系统 CAD 建模

机器人离线编程系统的核心技术是机器人及其工作单元的图形描述。CAD 建模需要完成以下任务:

1)机器人、夹具、工具的三维几何模型建模。
2)零件建模。
3)设备建模。
4)系统设计和布置。
5)几何模型图形处理。

因为利用现有的 CAD 数据及机器人理论结构参数所构建的机器人模型与实物之间存在着误差,所以必须对机器人进行标定,对其误差进行测量、分析,不断校正所建模型。随着机器人应用领域的不断扩大,机器人作业环境的不确定性对机器人作业任务有着十分重要的影响,固定不变的环境模型是不够的,极可能导致机器人作业的失败。因此,如何对环境的不确定性进行抽取,并以此动态修改环境模型,是机器人离线编程系统实用化的一个重要问题。

3. 图形仿真

离线编程系统的一个重要作用是离线调试程序,而离线调试最直观有效的方法是在不接触实际机器人及其工作环境的情况下,利用图形仿真技术模拟机器人的作业过程,提供一个与机器人进行交互作用的虚拟环境。计算机图形仿真是机器人离线编程系统的重要组成部分,它将机器人仿真的结果以图形的形式显示出来,可以直观地显示出机器人的运动状况,从而可以得到从数据曲线或数据本身难以分析出来的许多重要信息,离线编程的效果正是通过这个模块来验证的。随着计算机技术的发展,在计算机的 Windows 平台上可以方便地进行三维图形处理,并以此为基础完成 CAD 建模、机器人任务规划和动态模拟图形仿真。一般情况下,用户在离线编程模块中为作业单元编制任务程序,经编译连接后生成仿真文件。在仿真模块中,系统解释控制执行仿真文件的代码,对任务规划和路径规划的结果进行三维图形动画仿真,模拟整个作业的完成情况。检查发生碰撞的可能性及机器人的运动轨迹是否合理,并计算机器人每个工步的操作时间和整个工作过程的循环时间,为离线编程结果的可行性提供参考。

4. 自动编程

自动编程一般包括机器人及设备的作业任务描述(包括路径点的设定)、建立变换方程、求解未知矩阵及编制任务程序等。在进行图形仿真以后,根据动态仿真的结果,对程序做适当的修正,以达到满意效果,最后在线控制机器人运动以完成作业。在机器人技术发展初期，较多采用特定的机器人语言进行编程。一般的机器人语言采用了计算机高级程序语言中的程序控制结构，并根据机器人编程的特点，通过设计专用的机器人控制语句及外部信号交互语句来控制机器人的运动，从而增强了机器人作业描述的灵活性。面向任务的机器人编程是高度智能化的机器人编程技术的理想目标——使用最合适于用户的类自然语言形式描述机器人作业，通过机器人装备的智能设施实时获取环境的信息，并进行任务规划和运动规划，最后实现机器人作业的自动控制。面向对象机器人离线编程系统所定义的机器人编程语言把机器人几何特性和运动特性封装在一块，并为之提供了通用的接口。基于这种接口，可方便地与各种对象，包括传感器对象打交道。由于语言能对几何信息直接进行操作且具有空间推理功能，因此它能方便地实现自动规划和编程。此外，还可以进一步实现对象化任务级编程语言，这是机器人离线编程技术的又一大提高。

5. 状态检测模块

近年来，随着机器人技术的发展，传感器在机器人作业中起着越来越重要的作用，对传感器的仿真已成为机器人离线编程系统中必不可少的一部分，并且也是离线编程能够实用化的关键。利用传感器的信息能够减少仿真模型与实际模型之间的误差，增加系统操作和程序的可靠性，提高编程效率。对于由传感器驱动的机器人系统，由于传感器产生的信号会受到多方面因素的干扰（如光线条件、物理反射率、物体几何形状以及运动过程的不平衡性等），使得基于传感器的运动不可预测。传感器技术的应用使机器人系统的智能性大大提高，机器人作业任务已离不开传感器的引导。因此，离线编程系统应能对传感器进行建模，生成传感器的控制策略，对基于传感器的作业任务进行仿真。

6. 后置处理

后置处理的主要任务是把离线编程的源程序编译为机器人控制系统能够识别的目标程序。即当作业程序的仿真结果完全达到作业的要求后，将该作业程序转换成目标机器人的控制程序和数据，并通过通信接口下载安装到目标机器人控制器，驱动机器人去完成指定的任务。由于机器人控制器的多样性，要设计通用的通信模块比较困难，因此一般采用后置处理将离线编程的最终结果翻译成目标机器人控制器可以接受的代码形式，然后实现加工文件的上传及下载。机器人离线编程中，仿真所需数据与机器人控制柜中的数据是有些不同的，所以离线编程系统中生成的数据有两套：一套供仿真用；一套供控制柜使用，这些都是由后置处理进行操作的。

工业机器人
离线编程

6.2　离线编程创建运动轨迹

> **案例 1**：创建工件坐标，并完成如图 6-1 所示的机器人轨迹离线编程，即机器人从起始点 p1，直线运动到 p2 点，再经圆弧运动到 p3 点，继续沿着轮廓线运动，依次经过 p4、p5、p6、p7 点回到起始点 p1 后，再到工具中心点 p0。

在编程之前，已经按照项目 4 介绍的方法解包"ST_Teaching"工作站。具体操作步骤如下：

1. 创建工件坐标系

创建工件坐标系可采用从项目 4 扩展部分建立的工件坐标系同步到工作站的方式，其方法是在"基本"功能选项卡中，单击"同步"下拉菜单中的"同步到工作站"。此处不再详述。此处在工件模型已知的情况下，采用一种快捷方式建立工件坐标，具体步骤如下：

1）在"基本"功能选项卡中，单击"其他"下拉菜单中的"创建工件坐标"，如图 6-3 所示。

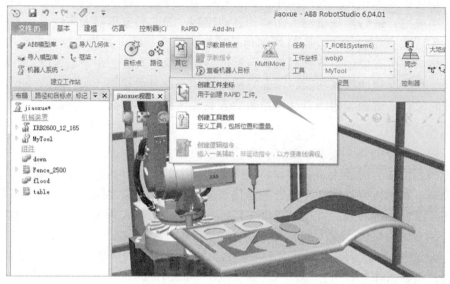

图 6-3　单击"创建工件坐标"

2）在弹出的对话框中，将"Misc 数据"栏下的"名称"内容改为"Wobj"。在"用户坐标框架"栏，单击"取点创建框架"，选中下拉菜单中的"三点"，如图 6-4 所示。

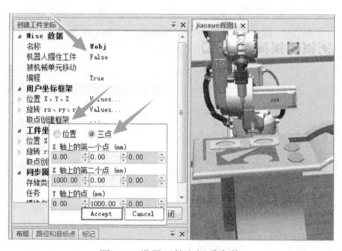

图 6-4　设置工件坐标系参数

3）捕捉方式选择"选择表面"和"捕捉末端"，并单击"X 轴上的第一个点（mm）"中的第一个文本框，如图 6-5 所示。

4）捕捉如图 6-6 所示点，作为 X 轴上的第一个点。

5）捕捉如图 6-7 所示的点，作为 X 轴上的第二个点。

6）捕捉如图 6-8 所示的点，作为 Y 轴上的第一个点，并单击"Accept"。

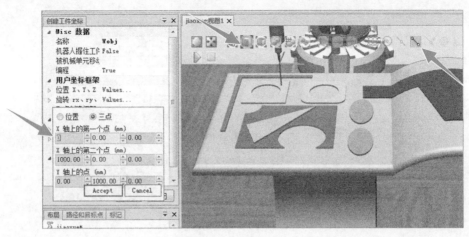

图 6-5　选择捕捉工具

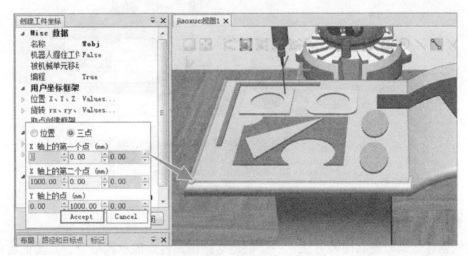

图 6-6　捕捉 X 轴上的第一个点

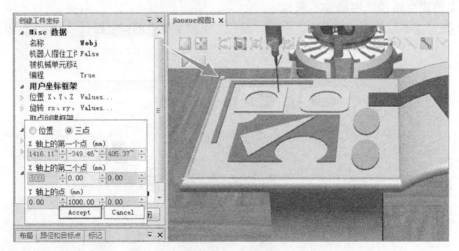

图 6-7　捕捉 X 轴上的第二个点

7）单击对话框中的"创建"，即可创建工件坐标系，如图 6-9 所示。

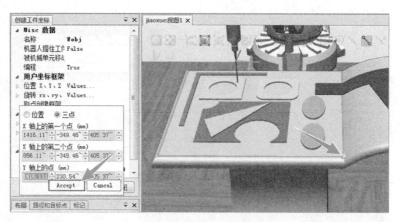

图 6-8　捕捉 Y 轴上的第一个点

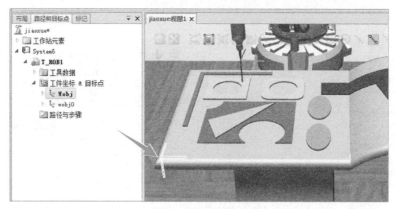

图 6-9　工件坐标系创建完成

2. 创建运动轨迹

离线创建运动轨迹有两种方法：一是创建空路径，再添加示教指令；二是创建自动路径，再调整姿态。

（1）创建空路径，再添加示教指令

1）在"基本"功能选项卡中，单击"路径"下拉菜单中的"空路径"，如图 6-10 所示。

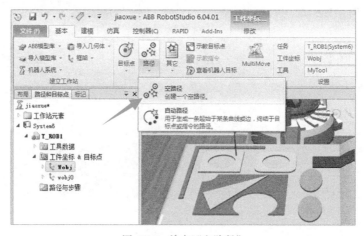

图 6-10　单击"空路径"

2）生成空路径"Path_10"。在"基本"功能选项卡中，设定工件坐标系为 Wobj（前面创建的工件坐标系），工具坐标系为 MyTool，并对运动指令及参数进行设定，如图 6-11 所示。

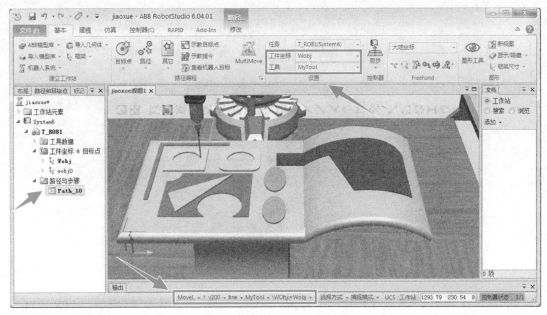

图 6-11 设定运动指令及参数

3）在"基本"功能选项卡中选择手动操作的方法"手动线性"，捕捉方式选择"捕捉末端"（根据目标点实际位置选择捕捉方式）后，把机器人移到 p1 点，并单击"示教指令"，显示新创建的运动指令"MoveL Target_10"，如图 6-12 所示。

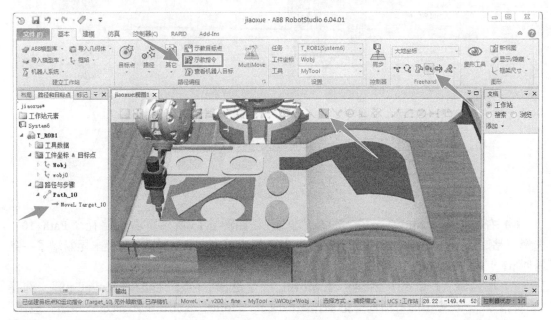

图 6-12 创建运动指令

4）依次展开"工件坐标 & 目标点→ Wobj → Wobj_of"，如图 6-13 所示，将目标点"Target_10"重命名为"p1"。

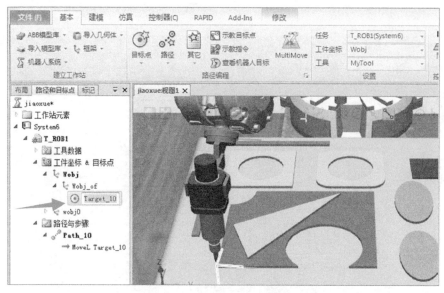

图 6-13　重命名目标点

5）重复步骤 3）和 4），创建由 p1 → p2 → p21 → p22 → p23 → p3 → p4 → p5 → p6 → p61 → p7 点的 MoveL 运动指令，如图 6-14 所示。

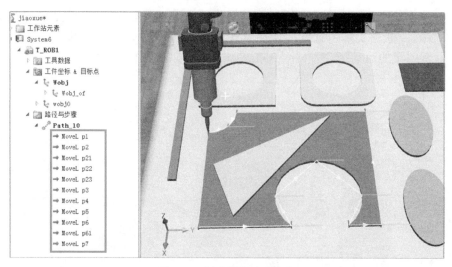

图 6-14　创建所有运动指令

6）右击指令"MoveL p1"，选择"复制"，如图 6-15 所示。右击路径"Path_10"，选择"粘贴"，在弹出的"创建新目标点"对话框中单击"否（N）"，路径末尾新增了一条返回 p1 点的"MoveL p1"指令。

7）按步骤 3）和 4），创建一条 MoveL 指令返回 p0 点。右击"MoveL p0"，选择"编辑指令"。在弹出的对话框中把动作类型改成"Joint"，如图 6-16 所示。单击"应用"后，再单击"关闭"，则返回 p0 点的指令修改成了关节运动指令"MoveJ p0"。

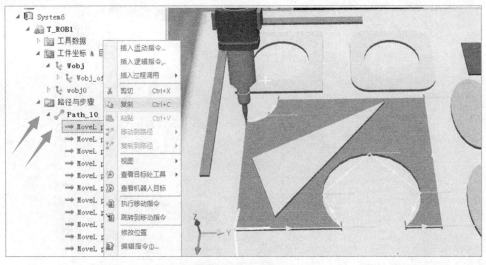

图 6-15　复制"MoveL p1"指令

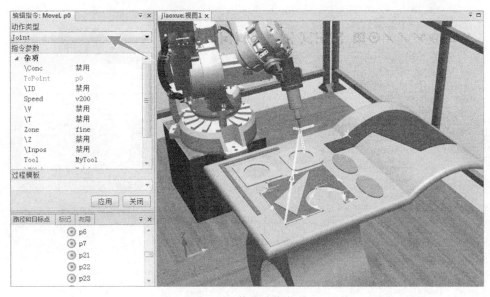

图 6-16　修改动作类型

8）按住键盘上的"Ctrl"，依次单击"MoveL p21"和"MoveL p22"，右击，选择"修改指令→转换为 MoveC"，如图 6-17 所示。

9）同理，按步骤 8）的方法，分别将"MoveL p23""MoveL p3""MoveL p61"和"MoveL p7"修改为圆弧指令，如图 6-18 所示。右击"Path_10"，选择"沿着路径运动"，查看机器人是否能够完整沿着设定的轨迹运动。若个别示教点位置姿态有问题，需要进行"目标点调整"和"轴参数配置"，重新调整姿态，直至能够走完轨迹为止。

（2）创建自动路径，再调整姿态

1）在"建模"功能选项卡中，单击"表面边界"。在弹出的对话框中，选择"选择表面"，捕捉方式就会切换为"选择表面"，如图 6-19 所示。

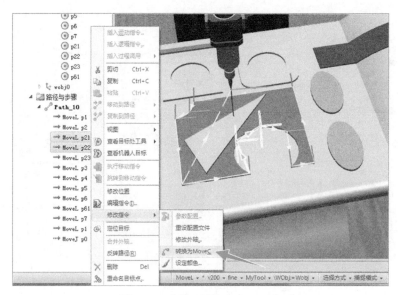

图 6-17 选择"转换为 MoveC"

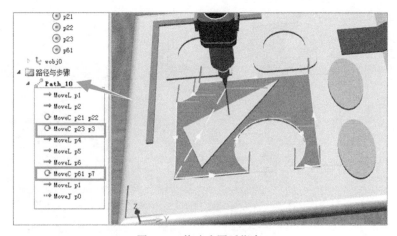

图 6-18 修改为圆弧指令

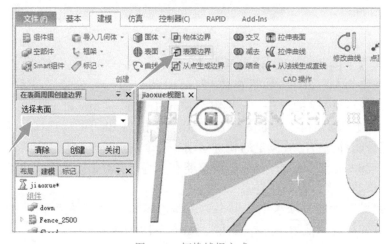

图 6-19 切换捕捉方式

2）单击所要运行轨迹的表面，"在表面周围创建边界"对话框内显示所选的表面，如图 6-20 所示，单击"创建"。

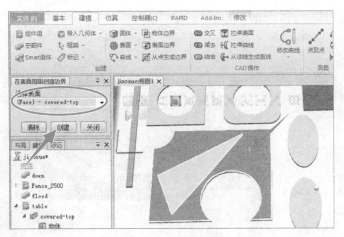

图 6-20　显示所选的表面

3）在"建模"列表中，"部件 _1"即为生成的曲线，如图 6-21 所示。

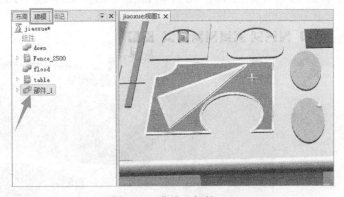

图 6-21　曲线"部件 _1"

4）在"基本"功能选项卡，设定工件坐标系为 Wobj（前面创建的工件坐标系），工具坐标系为 MyTool，并对运动指令及参数进行设定，如图 6-22 所示。

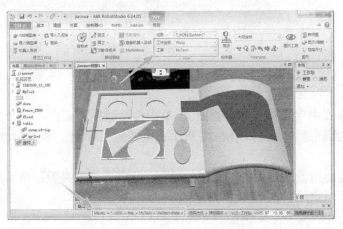

图 6-22　设定运动指令及参数

5）在"基本"功能选项卡中，单击"路径"下拉菜单中的"自动路径"，弹出自动路径对话框，如图 6-23 所示。捕捉方式选择"选择曲线"。

图 6-23　选择"自动路径"

6）捕捉选中轨迹的第一条路径，在自动路径对话框显示选中的路径，如图 6-24 所示。

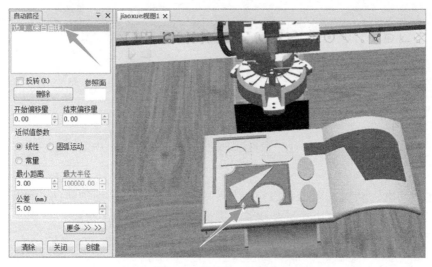

图 6-24　捕捉第一条路径

7）同样的方法捕捉其余轨迹路径，在"自动路径"对话框显示所有的路径，如图 6-25 所示。

8）在捕捉方式中仅选择"选择表面"，单击自动路径对话框中的"参照面"文本框，然后单击轨迹表面任意一点，如图 6-26 所示，生成的目标点 Z 轴方向与选定表面处于垂直状态。

9）单击"近似值参数"中的"圆弧运动"。设定近似值参数，最小距离（mm）设为 1mm，然后单击"创建"，如图 6-27 所示。

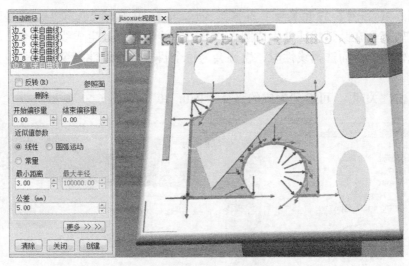

图 6-25 捕捉其余轨迹路径

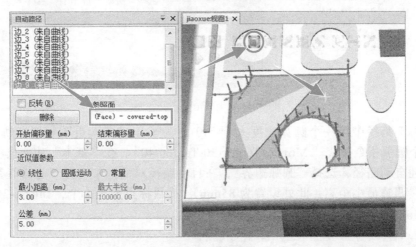

图 6-26 创建 Z 轴

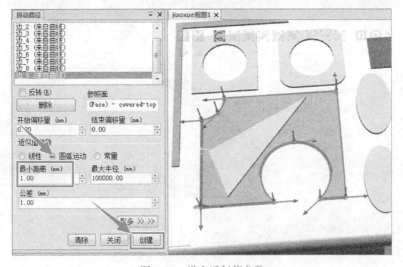

图 6-27 设定近似值参数

对比图 6-26 和图 6-27 可看到：选择圆弧运动时，其目标点比较少。这是因为选择圆弧运动，其轨迹会在圆弧特征处生成圆弧指令，在线性特征处生成线性指令，不规则形状分段生成线性指令。而选择线性时，轨迹会为每个目标生成线性指令，圆弧也分段生成线性指令。

10）单击"关闭"，可看到生成的路径"Path_10"，如图 6-28 所示。

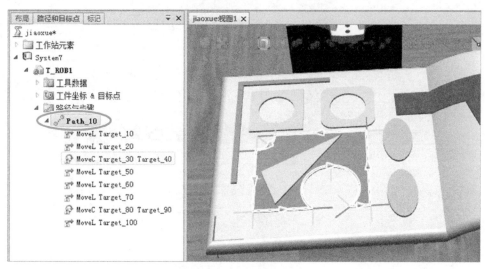

图 6-28　生成路径"Path_10"

11）由于路径中第一个圆弧角度大于 240°，为了让机器人更顺利地在轨迹上运行，需要用两个圆弧指令替代" MoveC Target_30 Target_40"。在"基本"功能选项卡下再新建一个线性自动路径，选择"圆弧边界"，在自动路径对话框中选择"近似值参数"中的"线性"，并调整最小距离（此处设置为 85mm），将目标点缩至 5 个，如图 6-29 所示，单击"创建"。

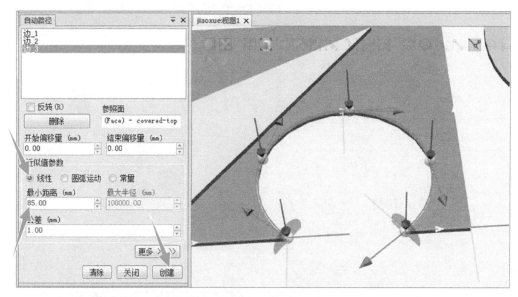

图 6-29　新建一个线性自动路径

12）展开新建的"Path_20"，依次将"MoveL Target_120""MoveL Target_130""MoveL Target_140"和"MoveL Target_150"转换为 MoveC，如图 6-30 所示。

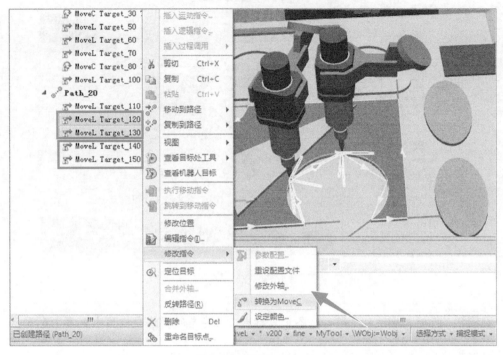

图 6-30 转换为 MoveC

13）如图 6-31 所示，选中两个圆弧指令，按住左键将其移到"MoveL Target_20"下面，并删除原本的圆弧指令"MoveC Target_30 Target_40"。

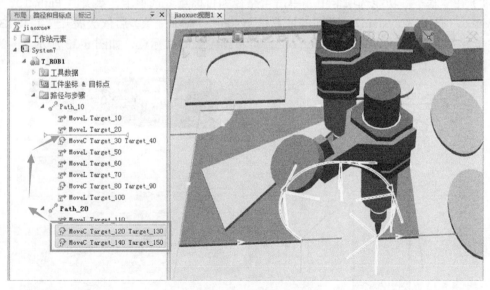

图 6-31 移动指令

14）删除路径"Path_20"。选中"System7"，右击选择"删除未使用目标点"，如图 6-32 所示。

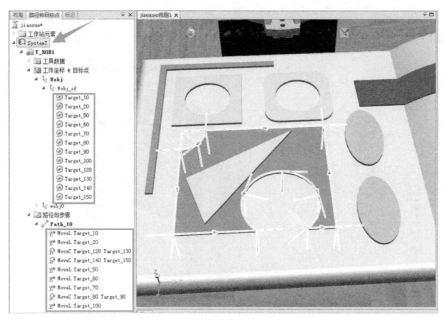

图 6-32　删除路径 "Path_20"

案例 2： 完成 "Path_10" 路径上各个目标点工具姿态的调整和机器人轴参数的配置。

1. 目标点工具姿态的调整

如果机器人不能直接按照生成的路径 "Path_10" 运行，存在机器人不能到达的目标点，则需要对一些目标点工具姿态进行调整，其方法如下：

1）在 "基本" 功能选项卡中，单击 "路径和目标点" 选项卡，展开 "Path_10" 所在的 system（此处为 system7，不同的计算机 system 可能不一致）后依次展开 "T_ROB1 → 工件坐标 & 目标点 → Wobj → Wobj_of"，可看到生成的目标点，如图 6-33 所示。

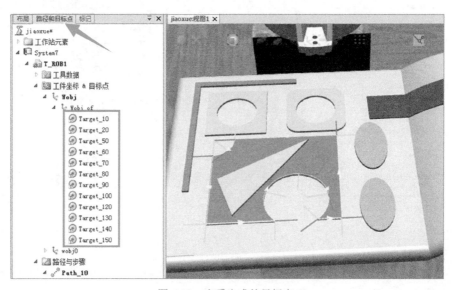

图 6-33　查看生成的目标点

2）选中目标点"Target_10"，右击该目标点，在弹出菜单中选择"查看目标处工具"，选择本工作站使用的工具"MyTool"，这样可以在此目标点处显示工具姿态，如图 6-34 所示。

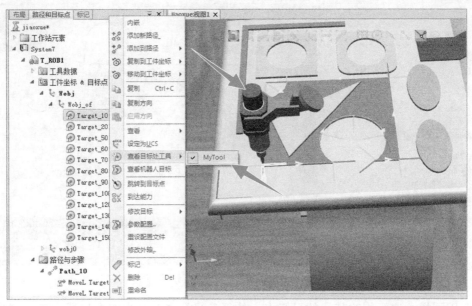

图 6-34　显示工具姿态

3）由图 6-34 可看出，机器人难以以此姿态到达该目标点，需要改变其姿态。选中目标点"Target_10"，右击该目标点，在弹出菜单中选择"修改目标→旋转"，如图 6-35 所示。

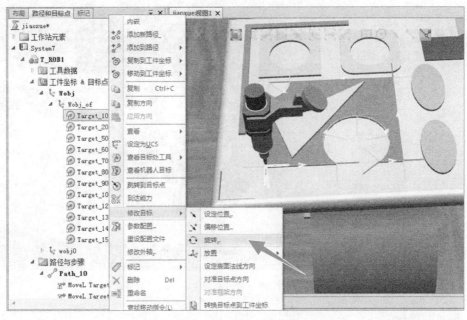

图 6-35　修改目标点

4）在弹出的对话框内，参考选择"本地"，旋转选择绕"Z"轴旋转（具体可根据实际情况选择"X"或"Y"），度数输入"–90"（数值根据实际情况调整），单击"应用"，可看到该目标点工具姿态发生了改变，如图 6-36 所示。

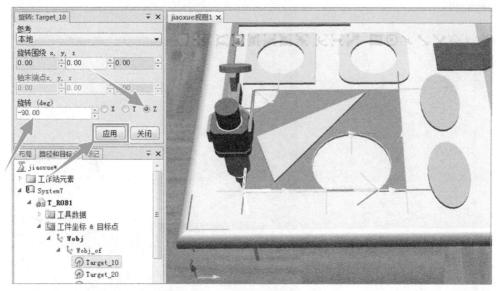

图 6-36　设置参数

5）用同样方法可修改其余的目标点，使得各目标点工具姿态在机器人可达到的合理角度范围。选中所有目标点（Shift+ 左键）后可看到在所有目标点处工具姿态，如图 6-37 所示。

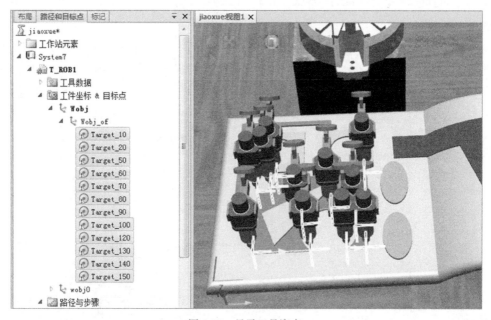

图 6-37　显示工具姿态

2. 轴参数的配置

1）选中目标点"Target_10"，右击该目标点，在弹出菜单中选择"参数配置"，如

图 6-38 所示。

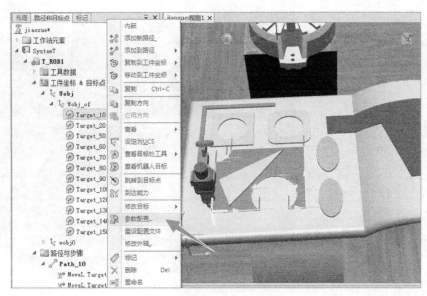

图 6-38　选择"参数配置"

2）在弹出的配置参数对话框中选择"Cfg1（...""（如果有多个轴配置，可单击各个"配置参数"，查看当前"关节值"，并根据经验判断机器人所在位置姿态是否合理，从而进行选择），单击"应用"，如图 6-39 所示。

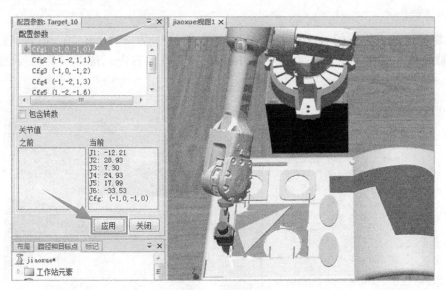

图 6-39　选择"配置参数"

3）可用同样方法为其余的目标点配置参数，也可采用自动配置方式完成剩余目标点的参数配置。自动配置具体方法如下：在"路径和目标点"选项卡中，右击"Path_10"，在弹出的菜单中选择"配置参数→自动配置"，如图 6-40 所示。可看到机器人运动，若在目标点机器人位置姿态都能顺利达到，则机器人沿着路径轨迹自动运行一周。若有目标点不能达到，需重新调整工具姿态参数配置，再次进行自动配置，直至能够走完轨迹为止。

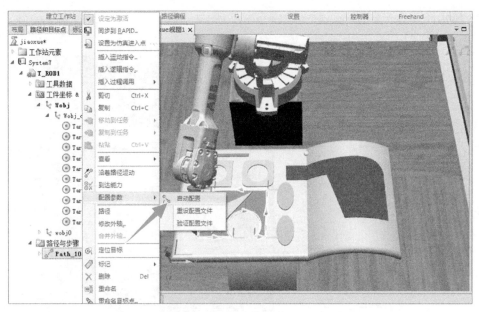

图 6-40　自动配置参数

案例 3：完善程序，让轨迹更接近工业生产情况。定义接近加工起始位置的 pA 点，定义加工完成后的离开位置 pB 点，以及机器人在加工之前所处的安全位置 pHome 点。对程序进行仿真运行，并在虚拟示教器中查看程序。

1. 完善程序

1）将接近加工位置的 pA 点定义为相对于起始目标点 "Target_10" 沿着其点所在坐标的 Z 轴偏移一定距离。方法为选中 "Target_10" 点，右击，选择 "复制"，如图 6-41 所示。

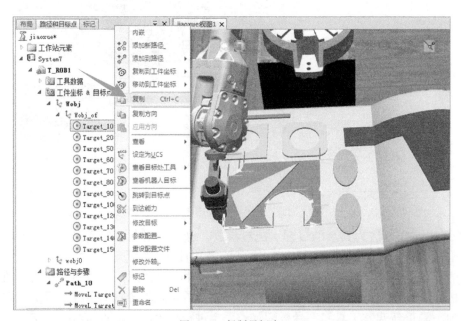

图 6-41　复制目标点

2）选中"Wobj"，右击，选择"粘贴"，如图 6-42 所示。

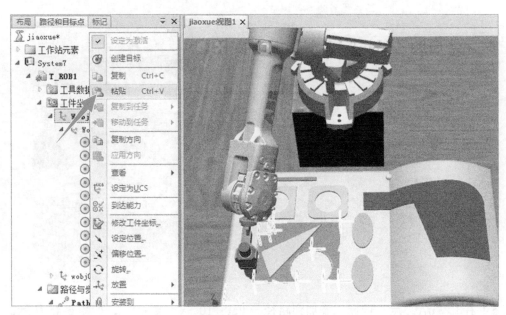

图 6-42　粘贴目标点

3）单击选中"Target_10_2"点，再次单击后把名字修改为"pA"。选中"pA"，右击，选中"修改目标→偏移位置"，如图 6-43 所示。

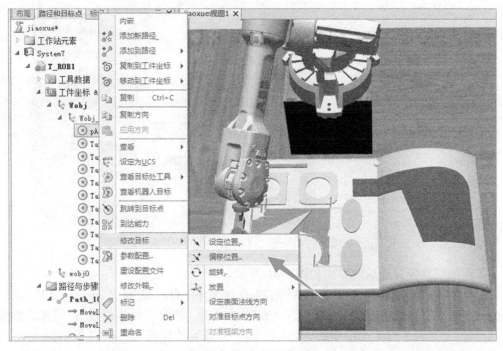

图 6-43　修改目标点

4）在弹出对话框中，参考设为"本地"，Translation 的第三个框（即 Z 值），设定为"–150"，单击"应用"，即完成对 pA 点的参数设置，如图 6-44 所示。

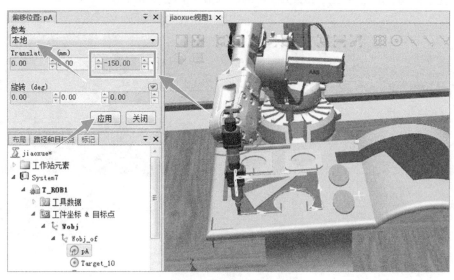

图 6-44　pA 点的参数设置

5）右击"pA"点，选择"添加到路径→Path_10→<第一>"，如图 6-45 所示。

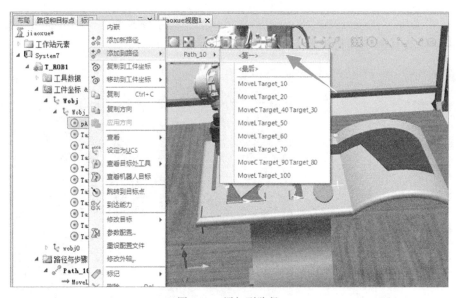

图 6-45　添加到路径

6）添加到路径完成后的界面如图 6-46 所示。

7）同样的方法定义加工完成后的离开位置 pB 点。复制"Target_150"点，把"Target_150_2"修改名字为"pB"后，右击"pB"，修改"偏移位置"，完成"参数配置"后添加到路径"Path_10"中的"<最后>"，完成后的界面如图 6-47 所示。

8）下面定义 pHome 点。在"布局"选项卡中，选中"IRB2600_12_165_01"，右击"IRB2600_12_165_01"，在弹出菜单中选择"回到机械原点"。此时机器人的位置调整回到最初位置，如图 6-48 所示。

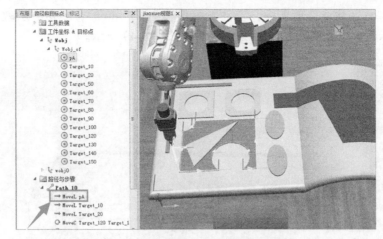

图 6-46　添加到路径完成后的界面

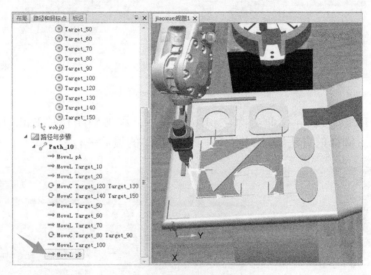

图 6-47　完成后的界面

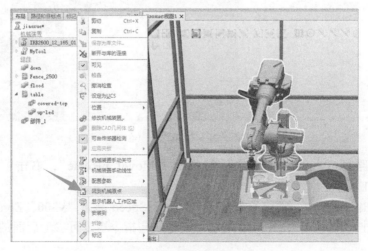

图 6-48　回到最初位置

9）在"基本"功能选项卡中，工件坐标系选中"Wobj0"，单击"示教目标点"，在"Wobj0"坐标系中生成目标点"Target_160"，如图 6-49 所示。

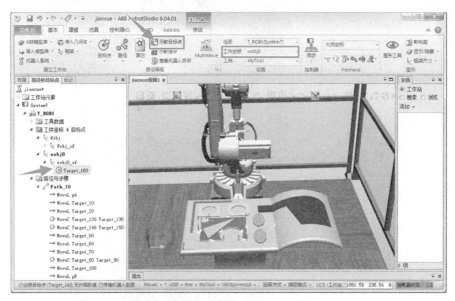

图 6-49　生成目标点"Target_160"

10）把"Target_160"重命名为"pHome"后，添加到路径"Path_10"的第一行，如图 6-50 所示。同样的方法添加到路径"Path_10"的最后一行。

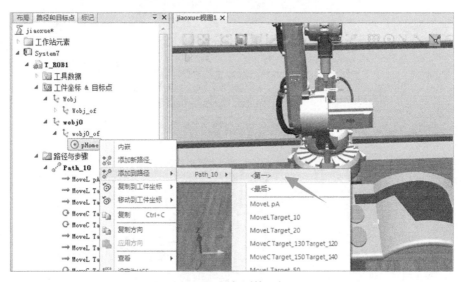

图 6-50　添加到第一行

11）选中路径"Path_10"的第一行指令"MoveL pHome"，右击，选择"编辑指令"，如图 6-51 所示。

12）在弹出对话框中，动作类型选择"Joint"，Speed 选择"v300"，Zone 选择"z30"，更改完成后单击"应用"，如图 6-52 所示。其他语句指令更改可参考后面的程序。

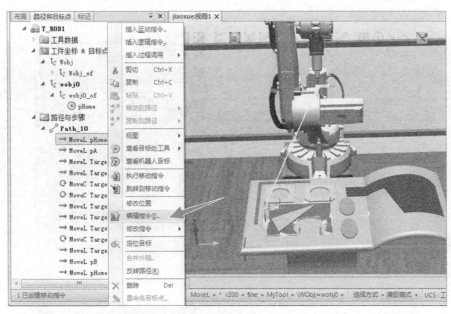

图 6-51　选择"编辑指令"

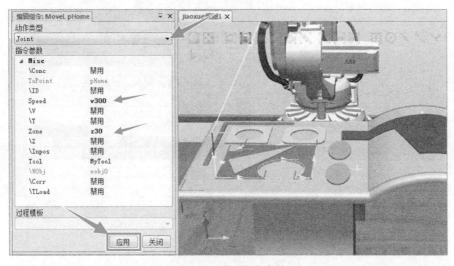

图 6-52　设置指令参数

13）修改完成后，再次为路径"Path_10"进行一次轴参数自动配置，如图 6-53 所示。如果机器人可以顺利走完轨迹，则程序已完善。

2. 程序仿真

1）新建一个空路径，重命名为"main"，按住左键将"Path_10"移到"main"里面，如图 6-54 所示。

2）在"基本"功能选项卡中，单击"同步"下拉菜单中的"同步到 RAPID"，如图 6-55 所示。

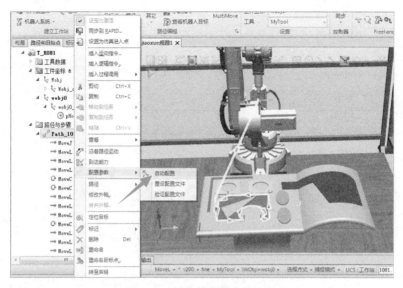

图 6-53　进行轴参数自动配置

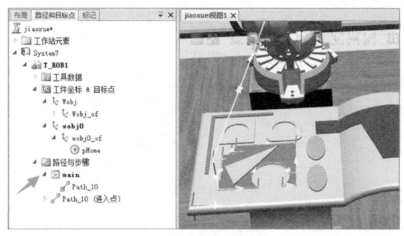

图 6-54　新建路径

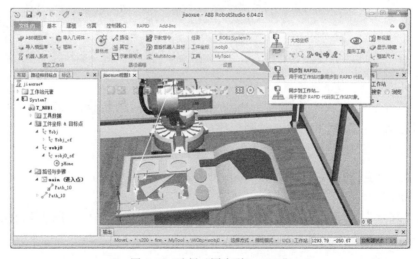

图 6-55　选择"同步到 RAPID"

3）在弹出对话框中选择所有同步的内容，单击"确定"，如图 6-56 所示。

图 6-56　选择同步的内容

4）单击"仿真"功能选项卡的"仿真设定"，在打开的对话框中选择"仿真对象→ System7 → T_ROB1"，T_ROB1 的设置中的进入点选择"main"。单击"关闭"，如图 6-57 所示。

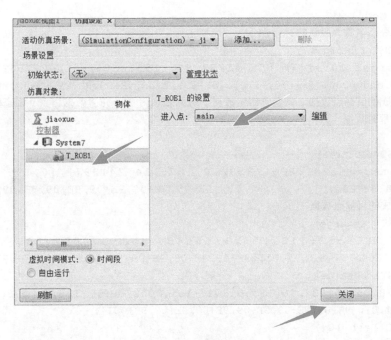

图 6-57　设置进入点

5）单击"仿真"功能选项卡的"播放"，如图 6-58 所示，即可执行仿真，可看到机器人运行轨迹。

3. 查看程序

在"控制器"功能选项卡中，单击"示教器→虚拟示教器"，在打开的虚拟示教器主菜单中单击"程序编辑器"可查看程序。也可在"RAPID"功能选项卡中，单击"控制器→ system12 → RAPID → module1"，可看到的程序如下：

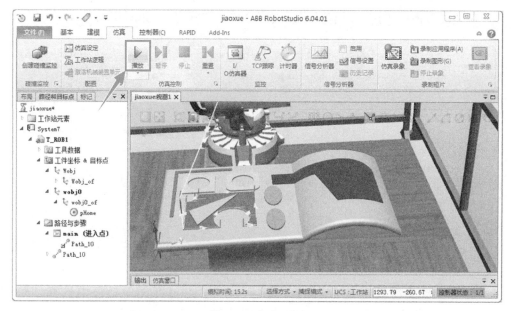

图 6-58 仿真运行

```
MODULE Module1
!程序模块，名称为默认的 Module1
    CONST robtarget
    Target_10:=[[78.055961137,96.115564804,-5.00027509],[1,0,0,
    -0.000000001],[-1,0,-1,0],[9E+09,9E+09,9E+09,9E+09,9E+09,9E+09]];
!离线生成的目标点数据，共包含四组数据，分别表示为 TCP 位置数据、TCP 姿态数据、轴配置
数据和外部轴数据
    ......
    CONST robtarget
    pHome:=[[1201.588948582,0,1075.147241397],[0.190808872,0,
    0.981627207,0],[-1,0,-1,0],[9E+09,9E+09,9E+09,9E+09,9E+09,9E+09]];
!示教生成的目标点数据
    CONST robtarget
pA:=[[78.055961137,96.115564804,-155.00027509],[1,0,0,
-0.000000001],[-1,0,-1,0],[9E+09,9E+09,9E+09,9E+09,9E+09,9E+09]];
    CONST robtarget
pB:=[[78.055961137,96.115564804,-155.00027509],[1,0,0,-0.000000001],
[-1,0,-1,0],[9E+09,9E+09,9E+09,9E+09,9E+09,9E+09]];
    PROC Path_10()
!路径程序
    MoveJ pHome,v300,z30,MyTool\WObj:=wobj0;
    MoveL pA,v200,fine,MyTool\WObj:=wobj;
    !移至 Target_100 点正上方 150mm 处
    MoveL Target_10,v200,fine,MyTool\WObj:=wobj;
    MoveL Target_20,v200,fine,MyTool\WObj:=wobj;
    MoveC Target_120,Target_130,v200,fine,MyTool\WObj:=wobj;
    MoveC Target_140,Target_150,v200,fine,MyTool\WObj:=wobj;
    MoveL Target_50,v200,fine,MyTool\WObj:=wobj;
```

```
    MoveL Target_60,v200,fine,MyTool\WObj:=wobj;
    MoveL Target_70,v200,fine,MyTool\WObj:=wobj;
    MoveC Target_80,Target_90,v200,fine,MyTool\WObj:=wobj;
    MoveL Target_100,v200,fine,MyTool\WObj:=wobj;
    MoveL pB,v200,fine,MyTool\WObj:=wobj;
    !移至 Target_100 点正上方150mm处
    MoveL pHome,v200,fine,MyTool\WObj:=wobj0;
  ENDPROC
  PROC main()
  !主程序
    Path_10;
  !调用路径程序
  ENDPROC
ENDMODULE
```

项目拓展

工业机器人在现代制造系统中应用广泛。机器人作业离线仿真系统通过在 CAD 环境中进行机器人虚拟样机的布局设计与操作仿真，能够有效地辅助设计人员进行机器人虚拟示教、机器人工作站布局、机器人工作姿态优化，在物理工作站制造之前验证设计的合理性，在虚拟环境中生成控制机器人作业的代码。离线编程与仿真能识别和检测自动化组件之间可能的碰撞，可用于确定实际投产前最后的更正，这样能防止损坏昂贵的设备。本部分将介绍碰撞监控与 TCP 跟踪。

一、碰撞监控

在工业机器人实际应用中如切割、涂胶和焊接，为保证工艺的要求，工业机器人工具尖端与工件表面不能发生碰撞，也不能距离过大，两者之间的距离应保证在合理的范围之内。这需要离线编程软件具备碰撞监控功能，ABB 工业机器人仿真软件 RobotStudio 满足了这一需求，下面对其使用操作进行介绍。

1）在"仿真"功能选项卡中，单击"创建碰撞监控"，在布局中生成"碰撞检测设定_1"，如图 6-59 所示。

2）单击展开"碰撞检测设定_1"，可看到 ObjectsA 和 ObjectsB，如图 6-60 所示。选中工具"MyTool"，将工具"MyTool"拖放到 ObjectsA 中，同样，将组件"table"中的工件"covered-top"拖放到 ObjectsB 中。这样便可检测工具"Mytool"与工件"covered-top"有没有碰撞。

3）右击"碰撞检测设定_1"，在弹出的菜单中单击"修改碰撞监控"，如图 6-61 所示。

4）在弹出的修改碰撞设定：碰撞检测设定_1 对话框内，可根据需要设定"接近丢失"的距离，此处设定 3mm，如图 6-62 所示。则机器人在轨迹运动过程中，如工具与工件距离在 3mm 内显示接近丢失颜色，默认为黄色，如工具与工件距离超过 3mm 则不显示接近丢失颜色。如工具与工件发生碰撞，则显示碰撞颜色，默认为红色。

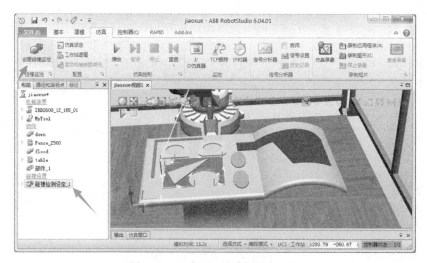

图 6-59 生成"碰撞检测设定_1"

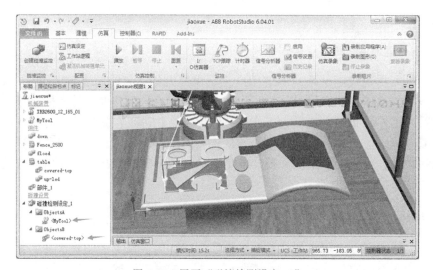

图 6-60 展开"碰撞检测设定_1"

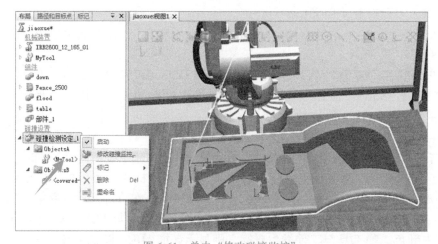

图 6-61 单击"修改碰撞监控"

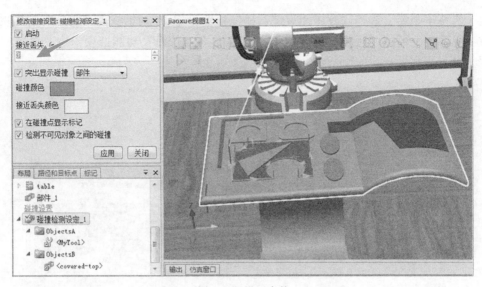

图 6-62　设置参数

5）单击"应用"。单击"仿真"功能选项卡的"播放"，执行仿真，可看到工具"Mytool"在接近工件"covered-top"的过程中，"Mytool"和"covered-top"都保持原来的颜色；接近和碰撞时，"Mytool"和"covered-top"变为黄色和红色。

二、TCP 跟踪

在工业机器人实际应用中，需要分析机器人的运动轨迹，而 TCP 跟踪功能可将机器人的运行轨迹记录下来，下面对 ABB 工业机器人仿真软件 RobotStudio 的 TCP 跟踪功能使用操作进行介绍。

1）为便于观察，可将工作站中的路径和目标点隐藏。在"基本"功能选项卡中，单击"显示 / 隐藏"，取消"全部目标点 / 框架"和"全部路径"的勾选，如图 6-63 所示。

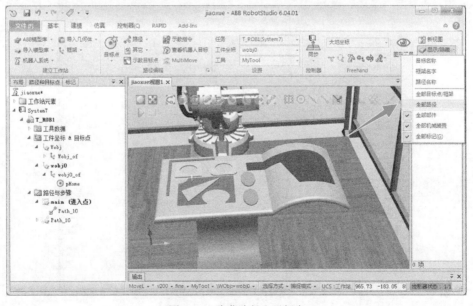

图 6-63　隐藏路径和目标点

2）为便于观察，取消修改碰撞设定：碰撞检测设定 _1 对话框内"启动"的勾选，如图 6-64 所示。也可把"碰撞检测设定 _1"删除。在"仿真"功能选项卡中，单击" TCP 跟踪"。

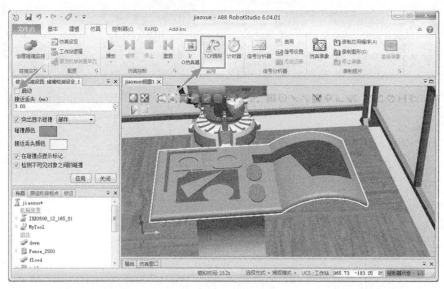

图 6-64　取消"启动"的勾选

3）在弹出对话框内勾选"启用 TCP 跟踪"，轨迹主色选择醒目的黄色，勾选"信号颜色"，单击" …"选择"当前 Wobj 中的速度"，勾选"使用副色"，选默认的红色，将当信号为"高于"设置为 300，如图 6-65 所示。当机器人速度超过 300mm/s 时，则显示副色红色。

图 6-65　设置参数

4）单击"播放"，执行仿真，可记录机器人的运行轨迹，并监控运行速度是否超出 300mm/s。分析完成后若想清除运行轨迹，可在 TCP 跟踪对话框内单击"清除 TCP 轨迹"。

一、训练任务

在本项目基础上完成如图 6-66 所示轨迹的离线编程。

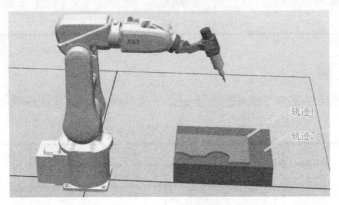

图 6-66　离线编程轨迹

二、训练内容

完成轨迹 1 后，再自动运行轨迹 2。

本项目训练内容可参考表 6-1。具体任务可以是本部分图 6-66 所示的轨迹，也可以是自选的轨迹。

表 6-1　工业机器人离线编程训练任务单

学习主题		工业机器人离线编程
重点难点		重点：掌握工业机器人的离线编程方法 难点：对机器人进行离线编程，完成具体任务
训练目标	知识能力目标	1）通过学习，掌握工业机器人的离线编程方法 2）学会创建工件的离线轨迹曲线，生成机器人的轨迹路径；掌握目标点的调整，机器人轴参数的调整等 3）能对机器人进行离线编程，完成具体任务
	素养目标	1）提高解决实际问题的能力，具有一定的专业技术理论 2）养成独立工作的习惯，能够正确制订工作计划 3）培养学生良好的职业素质及团队协作精神
参考资料学习资源		教材、图书馆相关书籍；课程相关网站；网络检索等
学生准备		教材、笔、笔记本、练习纸

（续）

学习主题	工业机器人离线编程		
工作任务	任务步骤	任务内容	任务实现描述
	明确任务	提出任务	
	分析过程 （学生借助于参考资料、教材和教师提出的引导问题，自己做一个工作计划，并拟定出检查、评价工作成果的标准要求）	创建工业机器人离线轨迹曲线	
		生成路径	
		目标点调整	
		轴参数配置	
		完善程序并仿真运行	
		碰撞监控	
		TCP 跟踪	

三、训练评价

请在表 6-2 教学检查与考核评价表里进行学生自评、小组互评和教师评价。

表 6-2　教学检查与考核评价表

检查项目	检查结果及改进措施	分值	学生自评	小组互评	教师评价
练习结果正确性		20 分			
知识点的掌握情况 （应侧重指令的应用、示教方法与步骤、调试过程、功能的实现）		40 分			
能力控制点检查		20 分			
课外任务完成情况		20 分			
综合评价	学生自评：	小组互评：		教师评价：	

项目总结

　　本项目主要采用离线编程的方式创建机器人运动轨迹，机器人离线编程技术对工业机器人的推广应用及其工作效率的提高有着重要意义，离线编程可以大幅度节省制造时间，实现计算机的实时仿真，为机器人编程和调试提供安全灵活的环境，是机器人开发应用的研究方向。

思考与习题

6-1　选择题

（1）下列不属于示教编程方式在实际生产应用中存在的技术问题的是（　　　）。

A. 示教编程效率低

B. 精度完全靠示教者的经验目测决定

C. 适合于复杂路径

D. 对需要根据外部信息进行实时决策的应用无能为力

（2）下列不属于离线编程方式特点的是（　　）。

A. 改善了编程环境　　　　　　　　　　B. 便于和 CAD/CAM 系统结合

C. 便于修改机器人程序　　　　　　　　D. 离线编程效率低

（3）创建自动路径时，近似值参数若选择线性，则下列说法正确的是（　　）。

A. 在圆弧特征处生成圆弧指令，在线性特征处生成线性指令

B. 在圆弧特征处生成圆弧指令，不规则形状处分段线性

C. 为每个目标生成线性指令，圆弧也作为分段线性

D. 以上说法都错误

（4）创建自动路径时，近似值参数若选择圆弧运动，则下列说法正确的是（　　）。

A. 在圆弧特征处生成圆弧指令，在线性特征处生成圆弧指令

B. 在圆弧特征处生成圆弧指令，不规则形状处分段生成圆弧指令

C. 圆弧特征处生成圆弧指令，在线性特征处生成线性指令，不规则形状处分段线性

D. 以上说法都正确

6-2　常用的机器人编程方法有哪些？

6-3　离线编程的优点有哪些？

6-4　离线编程的主要组成模块有哪些？

6-5　简述离线编程的步骤。

项目 7

工业机器人和外围设备的通信

项目目标

➤ 知识目标：了解机器人 I/O 通信方式；掌握常用的机器人通信指令；能利用 I/O 通信对机器人进行控制完成具体任务。

➤ 能力目标：学会机器人的标准 I/O 板的配置方法，学会 I/O 的相关操作与应用技巧；能根据具体任务，对机器人进行标准 I/O 板的配置并完成带 I/O 信号的示教编程，为学习其他类型工业机器人提供参考，也为以后工作打下基础。

➤ 素养目标：通过学习机器人的 I/O 通信，培养学生的团队合作精神，使学生善于沟通；通过配置机器人的标准 I/O 板，使学生学会设计标准化产品；通过利用 I/O 通信控制机器人，提高学生求知若渴的学习情操。

项目分析

本项目侧重于 ABB 工业机器人作业仿真软件 RobotStudio 的 I/O 通信，通过学习信号的配置方法及编程操作方式，利用 I/O 通信对机器人进行控制完成具体任务。在实践环节中能使学生认识工业机器人的实际运用，能够运用学到的知识分析和解决问题。

内容如下：解包文件 "ST_Teaching"，建立两个输入信号 di_1 和 di_2，两个输出信号 do_1 和 do_2；利用示教器编程实现 di_1 得电时走棕色的板外边缘的轨迹，完成后输出 do_1，di_2 得电时走三角形的轨迹，完成后输出 do_2。工业机器人行走轨迹如图 7-1 所示。

工业机器人通过输入 / 输出端口即 I/O（Input/Output）端口和外部设备进行交互，主要有数字输入端口、数字输出端口、模拟输入端口和模拟输出端口 4 种类型。

数字量输入信号主要用于各种信号的反馈，如开关信号反馈（如按钮、转换开关、接近开关等），传感器信号反馈（如光电传感器、光纤传感器），接触器、继电器触点信号反馈，另外还有触摸屏里的开关信号反馈。

数字量输出信号主要用于各种控制命令的输出，如控制各种继电器线圈（如接触器、继电器、电磁阀）和控制各种指示类信号（如指示灯、蜂鸣器）。

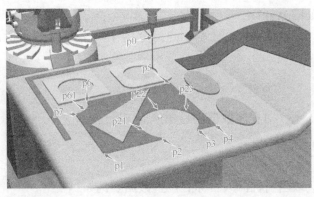

图 7-1　工业机器人行走轨迹

7.1　机器人 I/O 控制指令

I/O 控制指令用于控制 I/O 信号,以达到与工业机器人周边设备进行通信的目的。

1. I/O 控制指令

(1)数字信号置位指令(Set)　数字信号置位指令用于将数字输出信号置位 1,指令如下:

```
Set do1;
```

(2)数字信号复位指令(Reset)　数字信号复位指令用于将数字输出信号置位 0,指令如下:

```
Reset  do1;
```

注意:如果在 Set 和 Reset 指令前有运动指令 MoveJ、MoveL、MoveC、MoveAbsJ 的转弯区数据,必须使用 fine 才可以准确地输出 I/O 信号的状态变化。

(3)数字输入信号判断指令(WaitDI)　数字输入信号判断指令用于判断数字输入信号的值是否与目标一致。指令如下:

```
WaitDI  di1,1;        等待,直到输入信号 di1 为 1,方才跳到下一步骤
```

程序执行此指令时,如果 di1 为 1,则程序继续往下执行;如果到达最大等待时间 300s(此时间可根据实际进行设定)后,di1 的值还不为 1,则机器人报警或进入出错处理程序。

(4)数字输出信号判断指令(WaitDO)　数字输出信号判断指令用于判断数字输出信号的值是否与目标一致。指令如下:

```
WaitDO  do1,1;        等待,直到输出信号 do1 为 1,方才跳到下一步骤
```

具体参数说明如同 WaitDI。

（5）时间等待（WaitTime）　时间等待指令用于等待时间到达所设定的时间。指令如下：

```
WaitTime  1;          等待1s后执行下一动作
```

（6）赋值指令（:=）　对程序数据进行赋值。

（7）停止指令（Stop）　停止程序执行。

2. 扩展指令

（1）CRobT　读取当前机器人目标点位置数据。例如：

```
PERS robtarget p10;
p10:=CRobT(\tool:=tool1\WObj:=wobj1);
```

读取当前机器人目标点位置数据，指定工具坐标系数据为 tool1，工件坐标系数据为wobj1（若不指定，则默认工具坐标系数据为 tool0，默认工件坐标系数据为 wobj0），之后将读取的目标点数据赋值给 p10。

（2）CJointT　读取当前机器人各关节轴度数的功能。

程序数据 robotTarget 与 JointTarget 之间可以互相交换。

```
p1:=CalcRobT(jointpos1,tool1\WObj:=wobj1); 表示将 JointTarget 转换为 robotTarget。
jointpos1:= CalcRobT(p1,tool1\WObj:=wobj1); 表示将 robotTarget 转换为 JointTarget。
```

（3）常用写屏指令　TPErase 表示擦除屏幕内容；TPWrite 表示写屏幕内容。例如：

```
TPErase;
TPWrite "The Robot is running!";
TPWrite "The Last CycleTime is:"\num:=nCycleTime;
```

假设上一次循环时间 nCycleTime 为 10s，则示教器上面显示内容为

```
The Robot is running!
The Last CycleTime is:10
```

3. 例行程序

例行程序一共有三种类型，分别为普通程序（Procedures）、功能程序（Functions）和中断程序（Trap routines）。普通程序（Procedures）包括常用的主程序和子程序等。下面介绍功能程序和中断程序。

（1）功能程序（Functions）　会返回一个指定类型的数据，在其他指令中可作为参数调用。例如：

```
PERS num nCount;
FUNC bool bCompare(num nMin,num nMax)
RETURN nCount>nMin AND nCount<nMax;
ENDFUNC
PROC rTest()
```

```
IF bCompare(5,10)THEN
......
ENDIF
ENDPROC
```

上述例子中，定义了一个用于比较数值大小的布尔量型功能程序，在调用此功能时需要输入比较下限值和上限值，如果数据 nCount 在上下限值范围之内，则返回为 TURE，否则为 FALSE。

（2）中断程序（Trap routines）　在 RAPID 程序执行过程中，如果出现需要紧急处理的情况，机器人会中断当前执行的程序，程序指针 PP 马上跳转到专门的程序中对紧急的情况进行相应的处理，处理结束后程序指针 PP 返回到原来被中断的地方，继续往下执行程序。这种专门用来处理紧急情况的程序，称为中断程序（TRAP）。

当中断条件满足时，则立即执行中断程序中的指令，运行完成后返回调用该中断程序的地方继续往下执行。中断程序经常会用于出错处理、外部信号的响应等对实时响应要求高的场合。常用指令如下：

```
VAR intnum intno1;
!定义中断数据 intno1
IDelete intno1;
!取消当前中断符 intno1 的连接，预防误触发
CONNECT intno1 WITH iTrap;
!将中断符 intno1 与中断程序 iTrap 关联
ISignalDI di1,1,intno1;
!当数字输入信号 di1 为 1 时，触发中断程序
ISignalDI\Single, di1,1,intno1;
!该中断只会在数字输入信号 di1 第一次为 1 时，触发相应的中断程序，后续不再继续触发，直到再次定义该触发条件
```

注意：定义触发条件的语句一般放在初始化程序中，当程序启动运行完该定义触发条件的指令后，则进入中断监控。

7.2　标准 I/O 板的配置

ABB 的标准 I/O 板提供的常用处理信号有数字输入 DI、数字输出 DO、模拟输入 AI、模拟输出 AO 以及输送链跟踪。ABB 工业机器人常用的标准 I/O 板有 DSQC 651、DSQC 652、DSQC 355A 等。标准 I/O 板型号及板载资源见表 7-1。

表 7-1　标准 I/O 板型号及板载资源

标准 I/O 板型号	板载资源
DSQC 651	分布式 I/O 模块 di8\do8\ao2
DSQC 652	分布式 I/O 模块 di16\do16
DSQC 653	分布式 I/O 模块 di8\do8 带继电器
DSQC 355A	分布式 I/O 模块 ai4\ao4
DSQC 377A	输送链跟踪单元

　　本项目以最常用的 ABB 标准 I/O 板 DSQC 651 为例，详细讲解如何进行相关参数的设定。DSQC 651 板提供 8 个 DI（见表 7-2）和 8 个 DO（见表 7-3）。这里主要对数字量进行精讲，对模拟量和组信号做基本的设置介绍。

表 7-2　输入端子地址分配表

端子编号	使用定义	地址分配
1	INPUTCH1	0
2	INPUTCH2	1
3	INPUTCH3	2
4	INPUTCH4	3
5	INPUTCH5	4
6	INPUTCH6	5
7	INPUTCH7	6
8	INPUTCH8	7
9	0V	
10	未使用	

表 7-3　输出端子地址分配表

端子编号	使用定义	地址分配
1	OUTPUTCH1	32
2	OUTPUTCH2	33
3	OUTPUTCH3	34
4	OUTPUTCH4	35
5	OUTPUTCH5	36
6	OUTPUTCH6	37
7	OUTPUTCH7	38
8	OUTPUTCH8	39
9	0V	
10	24V	

1. 定义 DSQC 651 板总线连接

　　ABB 标准 I/O 板都是挂在 DeviceNet 现场总线下的设备，定义 DSQC 651 板的总线连接的相关参数见表 7-4。

表 7-4　定义 DSQC 651 板的总线连接相关参数

参数名称	设定值	说明
Name	d651	设定标准 I/O 板在系统中的名字
Connected to Bus	DeviceNet1	设定标准 I/O 板连接的总线
Type of Unit	DSQC 651	设定标准 I/O 板的类型
DeviceNet Address	10	设定标准 I/O 板在总线中的地址

其总线连接的操作步骤如下：

1）打开示教器，并将其设置为手动模式，如图 7-2 所示。

2）单击主菜单，选择"控制面板"，选择"配置系统参数"，如图 7-3 和图 7-4 所示。

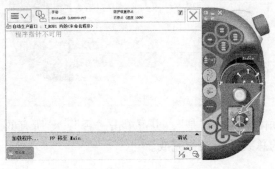

图 7-2 设置为手动模式   图 7-3 选择"控制面板"

3）在弹出的对话框内，单击"DeviceNet Device"，如图 7-5 所示。

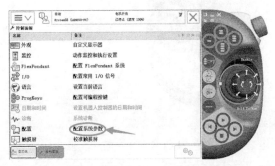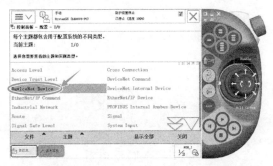

图 7-4 选择"配置系统参数"   图 7-5 单击"DeviceNet Device"

4）单击"添加"，进行标准 I/O 板的设置。

5）在弹出的对话框内，单击"使用来自模板的值"下拉箭头，选择"DSQC 651 Combi I/O Device"，如图 7-7 所示。

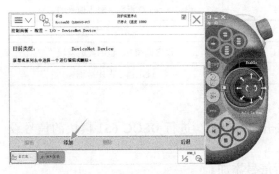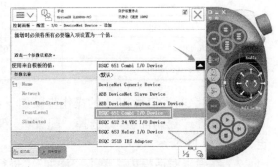

图 7-6 标准 I/O 板的设置   图 7-7 设置"使用来自模板的值"

6）因为地址的范围为 0～63，而 0～9 为系统留用，因此将第 10 个地址作为数字信号的开始，如图 7-8 和图 7-9 所示。

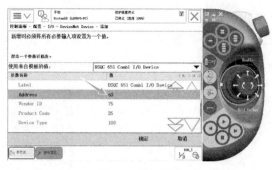

图 7-8 设置地址

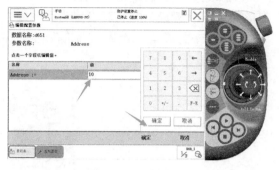

图 7-9 地址设为 10

7）完成后单击"确定"，在弹出的对话框内，单击"是"，也可单击"否"，等所有的设置完成后再重启。至此定义 DSQC 651 板的总线连接操作完成。

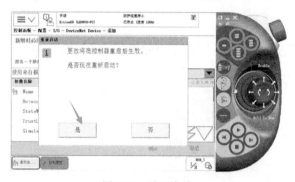

图 7-10 设置完成

2. 定义数字输入信号 di_1

数字输入信号是以"0"和"1"的状态进行显示的，数字输入信号相关参数见表 7-5。

表 7-5 数字输入信号相关参数

参数名称	设定值	说明
Name	di_1	设定标准 I/O 板数字输入信号的名字
Type of Signal	Digital Input	设定信号的类型
Assigned to Device	d651	设定标准 I/O 板的类型模块
Device Mapping	0	设定信号占用地址

定义数字输入信号 di_1 的操作步骤如下：

1）选择"控制面板"，选择"配置"，双击"Signal"进行 DSQC 651 模块的信号设定，如图 7-11 所示。

2）在弹出对话框内，单击"添加"，进行信号添加。

3）双击"Name"，在弹出的对话框内，将数字输入信号名字设定为"di_1"，然后单击"确定"，如图 7-13 和图 7-14 所示。

4）双击"Type of Signal"，选择"Digital Input"，如图 7-15 所示。

图 7-11　选择信号

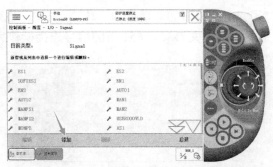

图 7-12　添加信号

图 7-13　双击"Name"

图 7-14　设定名字

5）双击"Assigned to Device"，选择"d651"，然后单击"确定"，如图 7-16 所示。

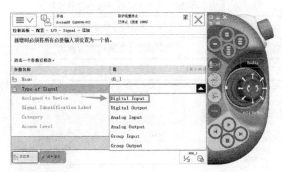

图 7-15　选择信号类型

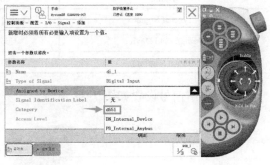

图 7-16　指定信号所在板

6）单击向下翻页箭头将"Device Mapping"设定为 0，然后单击"确定"，如图 7-17～图 7-19 所示。

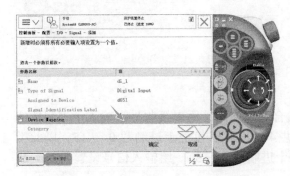

图 7-17　选择"Device Mapping"

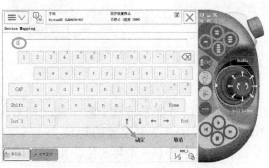

图 7-18　设定为 0

7）在弹出的对话框内，单击"是"，也可单击"否"，等所有的信号设置完成后再重启。至此定义 DSQC 651 板的信号连接操作完成，如图 7-19 和图 7-20 所示。

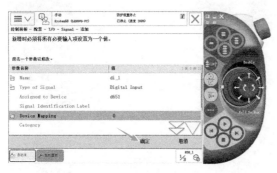

图 7-19 "Device Mapping"设置完成

图 7-20 设置完成

接下来的信号设置与数字输入信号设置类似，都是从"添加"弹出的对话框中来设置信号，如图 7-21 所示。

3. 定义数字输出信号 do_1

数字输出信号相关参数见表 7-6。

表 7-6 数字输出信号相关参数

参数名称	设定值	说明
Name	do_1	设定标准 I/O 板数字输出信号的名字
Type of Signal	Digital Output	设定信号的类型
Assigned to Device	d651	设定标准 I/O 板的类型模块
Device Mapping	32	设定信号占用地址

数字输出信号设置如图 7-22 所示。

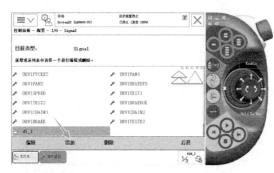

图 7-21 信号设置

图 7-22 数字输出信号设置

4. 定义组输入信号 gi_1

组输入信号就是将几个数字输入信号组合起来使用，用来接收外设输入十进制数的 BCD 编码，表 7-7 中设置的地址为 1～4 共 4 位，可以代表十进制数 0～15，以此类推，若设置地址 0～4 共 5 位，则可以代表十进制数 0～31。组输入信号设置如图 7-23 所示。

表 7-7　组输入信号相关参数

参数名称	设定值	说明
Name	gi_1	设定组内输入信号的名字
Assigned to Device	d651	设定标准 I/O 板的类型模块
Device Mapping	1 ~ 4	设定信号占用地址
Type of Signal	Group Input	设定信号的类型

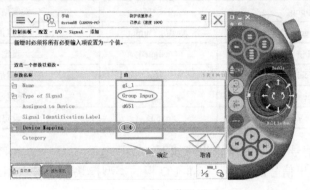

图 7-23　组输入信号设置

5. 定义组输出信号 go_1

组输出信号就是将几个数字输出信号组合起来使用，用来输出十进制数的 BCD 编码，表 7-8 中设置的地址为 33 ~ 36 共 4 位，可以代表十进制数 0 ~ 15，以此类推，若设置占用地址 32 ~ 36 共 5 位，则可以代表十进制数 0 ~ 31。组输出信号设置如图 7-24 所示。

表 7-8　组输出信号相关参数

参数名称	设定值	说明
Name	go_1	设定组内输出信号的名字
Assigned to Device	d651	设定标准 I/O 板的类型模块
Device Mapping	33 ~ 36	设定信号占用地址
Type of Signal	Group Output	设定信号的类型

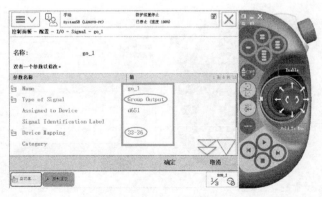

图 7-24　组输出信号设置

6. 定义模拟输出信号 ao_1

模拟输出信号相关参数见表 7-9。

表 7-9 模拟输出信号相关参数

参数名称	设定值	说明
Name	ao_1	设定模拟输出信号的名字
Assigned to Device	d651	设定标准 I/O 板的类型模块
Device Mapping	0 ～ 15	设定信号占用地址
Type of Signal	Analog Output	设定信号的类型
Analog Encoding Type	Unsigned	设定信号属性
Maximum Logical Value	10	设置最大逻辑值
Maximum Physical Value	10	设置最大物理值
Maximum Bit Value	65535	设定最大位值

定义模拟输出信号 ao_1 的操作步骤如下：

1）设定模拟输出信号的名字、标准 I/O 板的类型模块、信号占用地址、信号的类型，如图 7-25 所示。

2）设定模拟输出信号属性，单击 Analog Encoding Type 下拉菜单的 "Unsigned"，如图 7-26 所示。

图 7-25 设定参数

图 7-26 设定模拟输出信号属性

3）设置最大逻辑值和最大物理值，如图 7-27 ～图 7-30 所示。

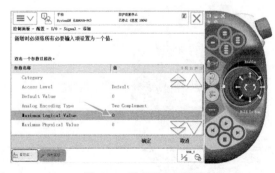

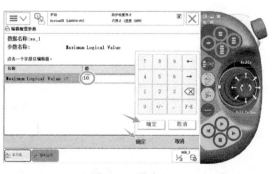

图 7-27 设置最大逻辑值

图 7-28 设为 10

4）在完成所有设置后，都要进行重启，如图 7-31 所示。

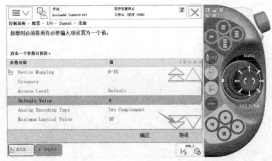

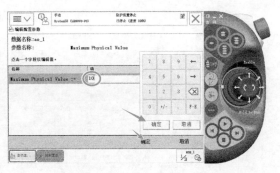

图 7-29　设置最大物理值　　　　　　　　　图 7-30　设为 10

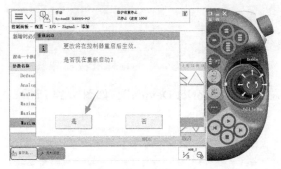

图 7-31　设置完成

7.3　标准 I/O 板的离线配置

1. 离线定义标准 I/O 板

1）选择 "RAPID" 功能选项卡，如图 7-32 所示。

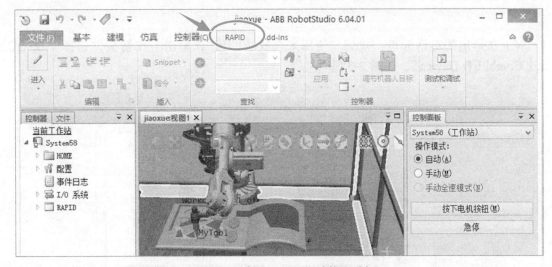

图 7-32　选择 "RAPID" 功能选项卡

2）在控制器的选项中依次单击 "配置"→"I/O System"，在弹出的对话框里选择现场总线 "DeviceNet Device"，如图 7-33 所示。

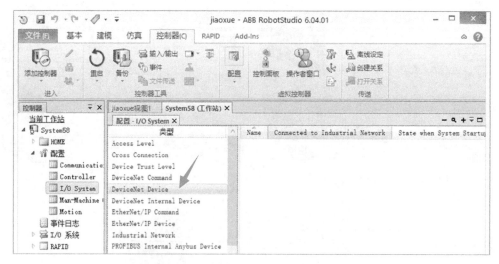

图 7-33　选择"DeviceNet Device",

3）右击新建现场总线"**DeviceNet Device**",如图 7-34 所示。

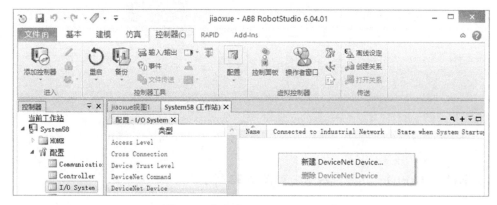

图 7-34　右击"DeviceNet Device"

4）在弹出的对话框里,找到"使用来自模板的值",单击下拉箭头,选择"DSQC 651 Combi I/O Device",如图 7-35 所示。

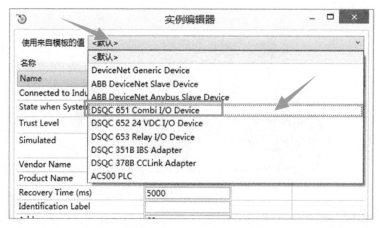

图 7-35　选择"DSQC 651 Combi I/O Device"

5）将地址改成 10，其设置与示教器的一样，如图 7-36 所示。

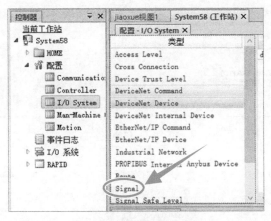

图 7-36　设置地址参数

6）设置好信号各项内容后单击"确定"，至此离线定义标准 I/O 板操作完成。

2. 离线定义数字输入信号 di_1

1）在控制器的选项中依次单击"配置"→"I/O System"。在弹出的对话框里选择的"Signal"，如图 7-37 所示。

图 7-37　选择"Signal"

2）在弹出的对话框中右击，选择"新建 Signal"，如图 7-38 所示。

3）在弹出的对话框中进行参数设置，单击"确定"，离线定义数字输入信号设置完成，如图 7-39 所示。

3. 定义其他信号

与定义数字输入信号类似，离线定义数字输出信号 do_1 如图 7-40 所示，离线定义组输入信号 gi_1 如图 7-41 所示，离线定义组输出信号 go_1 如图 7-42 所示，离线定义模拟输出信号 ao_1 如图 7-43 所示。

图 7-38　选择"新建 Signal"

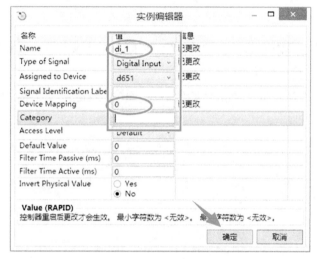

图 7-39　设置参数

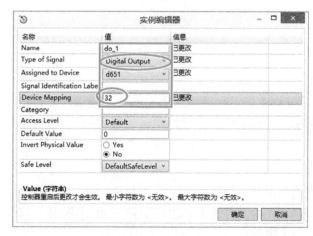

图 7-40　离线定义数字输出信号 do_1

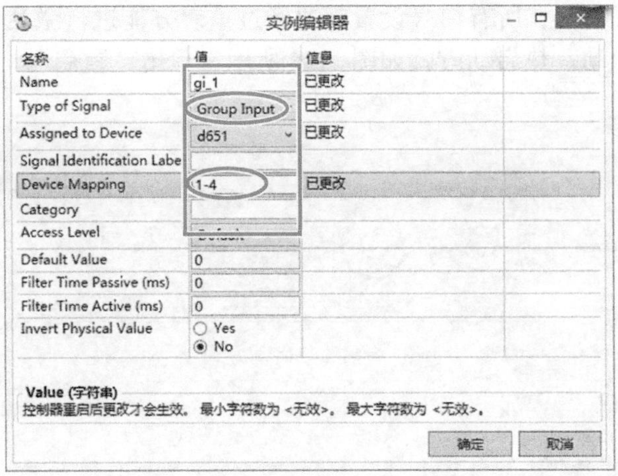

图 7-41　离线定义组输入信号 gi_1

图 7-42　离线定义组输出信号 go_1

图 7-43　离线定义模拟输出信号 ao_1

与示教器的设置类似，所有信号设置都要经过重启方能进行激活使用，在信号进行激活时要对其进行热启动。热启动方式如图 7-44 所示，单击"重启"。在弹出的热启动对话框里单击"确定"。

图 7-44　热启动方式

7.4　系统信号的关联

本部分以已定义的 di_1 信号为系统启动信号来说明系统信号的关联，具体操作为：

1）在手动状态下选择示教器主菜单中的"控制面板"，在弹出的对话框中选择"配置系统参数"（可参考图 7-3 和图 7-4），在"控制面板 – 配置 –I/O"对话框中单击"System Input"，如图 7-45 所示。

2）在弹出的对话框中单击"添加"，如图 7-46 所示。

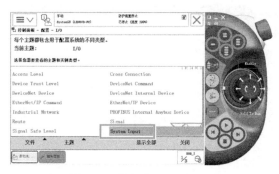

图 7-45　单击"System Input"

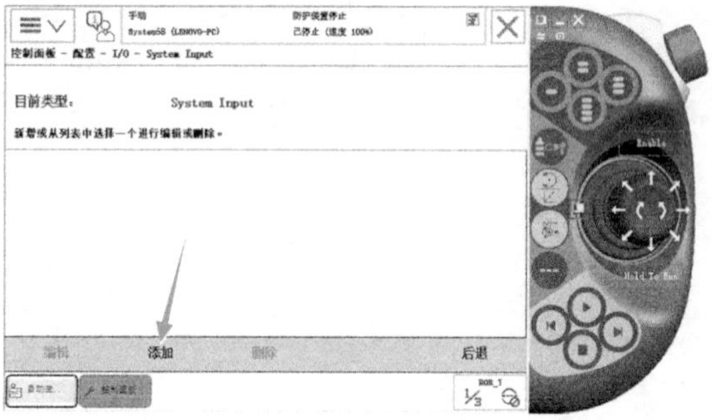

图 7-46　单击"添加"

3）双击信号名称"System Name"，如图 7-47 所示，并在下拉的信号中找到刚刚建立的信号 di_1。

4）选择建好的信号"di_1"，单击"确定"，如图 7-48 所示。

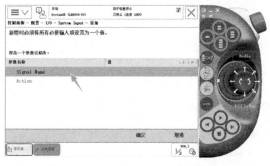

图 7-47　双击"System Name"

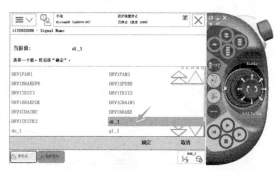

图 7-48　选择建好的信号"di_1"

5）双击"Action"，如图 7-49 所示。

6）选择开启按钮"Start"并进行确认，如图 7-50 所示。

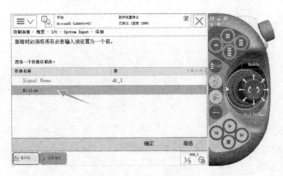

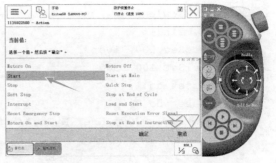

图 7-49　双击"Action"　　　　　　　图 7-50　选择开启按钮"Start"

7）在下拉的选项里选择循环模式"Cycle"，如图 7-51 所示。

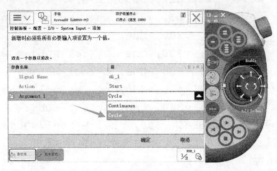

图 7-51　选择"Cycle"

8）单击"确定"便可重启生效或继续建立系统信号。

相同方法也可创建系统的停止等诸多系统信号，这里不多做阐述。

通信配置的
应用案例

7.5　通信配置的应用案例

案例1：解包文件"ST_Teaching"，建立两个输入信号 di_1 和 di_2、两个输出信号 do_1 和 do_2。利用示教器编程实现 di_1 得电时走棕色的板外边缘的轨迹，完成后输出 do_1；di_2 得电时走三角形的轨迹，完成后输出 do_2。

操作步骤如下：

1）在"配置"下的"DeviceNet Device"中添加标准 I/O 板 DSQC 651，并在 DSQC 651 板卡上设置 4 个 I/O 信号 di_1、di_2、do_1 和 do_2。I/O 信号配置表见表 7-10。

表 7-10　I/O 信号配置表

Name	Type of Signal	Assigned to Device	Device Mapping
di_1	Digital Input	d651	0
di_2	Digital Input	d651	1
do_1	Digital Output	d651	32
do_2	Digital Output	d651	33

2）用示教器对点进行示教并编写程序，参考程序如下：

```
MODULE Module
  PROC main()
    AccSet 100, 100;
    VelSet 100, 5000;
    Reset do_1;
    Reset do_2;
MoveJ pHome, v300, fine, MyTool/WObj:= wobj0;
      WHILE TRUE DO
        IF di_1 = 1 THEN
            MoveJ p1, v300, fine, MyTool/WObj:= wobj0;
            MoveL p2, v300, fine, MyTool/WObj:= wobj0;
            MoveC p21, p22, v300, fine, MyTool/WObj:= wobj0;
            MoveC p23, p3, v300, fine, MyTool/WObj:= wobj0;
            MoveL p4, v300, fine, MyTool/WObj:= wobj0;
            MoveL p5, v300, fine, MyTool/WObj:= wobj0;
            MoveL p6, v300, fine, MyTool/WObj:= wobj0;
            MoveC p61, p7, v300,fine, MyTool/WObj:= wobj0;
            MoveL p1, v300, fine, MyTool/WObj:= wobj0;
            MoveJ pHome, v300, fine, MyTool/WObj:= wobj0;
            Set do_1;
        ENDIF
        IF di_2 = 1 THEN
            MoveJ p_1, v300, fine, MyTool/WObj:= wobj0;
            MoveL p_2, v300, fine, MyTool/WObj:= wobj0;
            MoveL p_3, v300, fine, MyTool/WObj:= wobj0;
            MoveJ p_1, v300, fine, MyTool/WObj:= wobj0;
            MoveJ pHome, v300, fine, MyTool/WObj:= wobj0;
            Set do_2;
        ENDIF
      ENDWHILE
    ENDPROC
ENDMODULE
```

> **案例 2**：对一个传感器的信号进行实时监控，编写一个中断程序，要求：在正常情况下，di1 的信号为 0；如果 di1 的信号从 0 变成 1，工业机器人 TCP 沿波形板圆形轨迹运行一次。

操作步骤如下：

1）如图 7-52 和图 7-53 所示，新建例行程序，使用默认名字 Routine1，类型选择"中断"，然后单击"确定"。根据前文所学内容设置好输入信号 di1。

2）新建一个 main 函数并单击，然后编辑好初始化程序，如图 7-54 和图 7-55 所示。

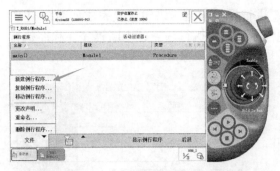

图 7-52　新建例行程序

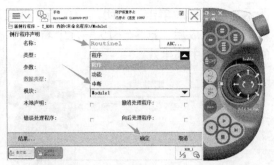

图 7-53　类型设为"中断"

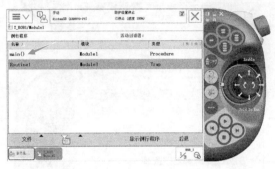

图 7-54　新建 main 函数

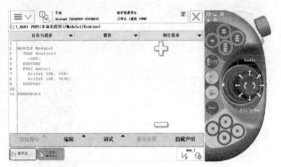

图 7-55　初始化 main 函数

3）单击"添加指令"，在 Common 中选择 Interrupts，如图 7-56 所示。

4）在"Interrupts"菜单选项中选择"IDelete"，并新建一个信号整型常量数据 intno1。选择"intno1"，然后单击"确定"，如图 7-57 所示。

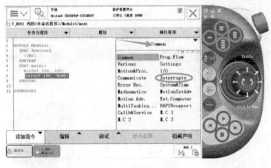

图 7-56　中断程序设置

图 7-57　中断程序"IDelete"语句设置

5）选择"CONNECT"指令，连接一个中断符号到中断程序。双击"<VAR>"，选择"intno1"，然后单击"确定"。双击"<ID>"，选择要关联的中断程序"Routine1"，然后单击"确定"，如图 7-58 所示。

6）选择指令"ISignalDI"，使用一个数字输入信号触发中断。双击"<VAR>"，选择"di1"，然后单击"确定"，如图 7-59 所示。

7）双击 ISignalDI 指令进行修改（ISignalDI 中的"Single"参数启用，则 intno1 中断只会响应 di1 一次；若要重复响应，则将 intno1 去掉）。单击 ISignalDI 指令的"可选变量"，并单击"\Single"，进入设定画面。选中"\Single"，然后单击"未使用"，如图 7-60

所示。设置好后单击"关闭"。 单击"确定"进行设置确定，语句设置完成如图 7-61 所示。设定完成后，这 8～10 三行中断初始化程序只需要执行一遍，中断程序在程序执行的整个过程中都生效。

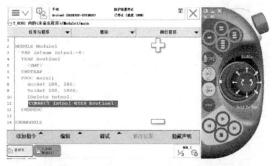

图 7-58 中断程序"CONNECT"语句设置

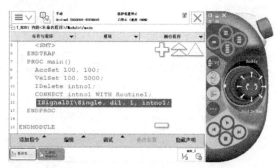

图 7-59 中断程序"ISignalDI"语句设置

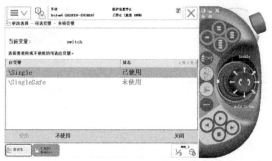

图 7-60 中断程序"ISignalDI"语句设置

图 7-61 中断程序"ISignalDI"语句设置完成

8）在中断程序中设置运动指令，如图 7-62 所示，编写完成后，当 di1 信号为 1 时，中断程序（即工业机器人 TCP 沿波形板圆形轨迹运动）就运行一次。

9）为了让主程序 main 函数能一直运行以便于查看中断程序效果，main 函数中需要加入循环语句，如图 7-63 所示。加入循环语句后可以通过仿真修改 di1 的值，查看中断程序运行结果。

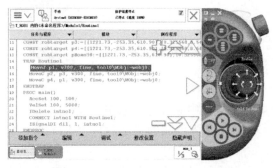

图 7-62 中断程序中设置运动指令

图 7-63 main 函数中加入循环语句

项目拓展

本部分介绍示教器快捷键单元的 4 个可编程按键。这 4 个按键可以在示教器里面进行编程设置。具体步骤如下：

1）设置可编程按键，同样是在手动状态的模式下进行，在示教器主界面先单击"控制面板"。在打开的界面里单击"配置可编程按键"进行设置，如图 7-64 所示。

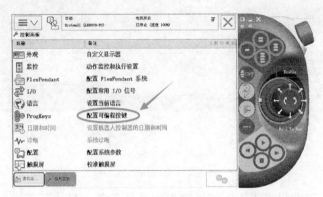

图 7-64　设置可编程按键

2）在类型的下拉菜单中选择"输出"，如图 7-65 所示，将按键类型设置为输出信号。

3）"数字输出"部分本例只有 do_1，若有多项，可根据需要选择输出信号。在按下按键下拉菜单中选择"按下 / 松开"，说明按键有自动复位的功能，如图 7-66 所示。

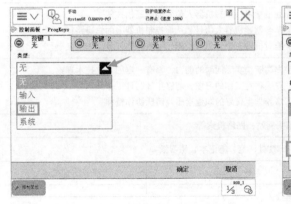

图 7-65　设置可编程按键类型

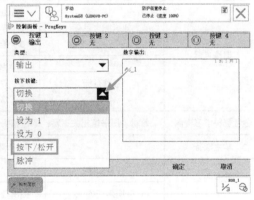

图 7-66　设置按下按键类型

4）允许自动模式选择"否"，确定在自动模式下，不能使用该键。在设置完所有的类型后，单击"确定"。其他 3 个按键的设置与按键 1 的设置类似。

一、训练任务

在本项目基础上完成信号的设置，如图 7-67 所示，di_1 得电走两个圆轨迹，di_2 得电走两个椭圆轨迹。

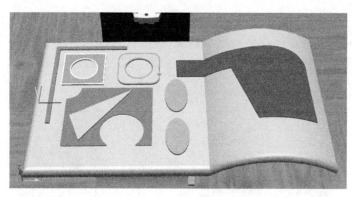

图 7-67　信号控制编程轨迹

二、训练内容

请填写表 7-11 工业机器人 I/O 信号编程训练任务单。具体任务可以是如图 7-67 所示的轨迹，也可以是自选的题目。

表 7-11　工业机器人 I/O 信号编程训练任务单

学习主题	工业机器人 I/O 信号编程		
重点难点	重点：掌握机器人信号控制方法 难点：对机器人进行信号控制，完成具体任务		
训练目标	知识能力目标	1）通过学习，掌握机器人信号控制通信技能 2）学会创建机器人信号，从而控制机器人的轨迹路径 3）能对机器人进行信号编程，完成具体任务	
	素养目标	1）提高解决实际问题的能力，具有一定的专业技术理论 2）养成独立工作的习惯，能够正确制订工作计划 3）培养学生良好的职业素质及团队协作精神	
参考资料学习资源	教材、图书馆相关书籍；课程相关网站；网络检索等		
学生准备	教材、笔、笔记本、练习纸		
工作任务	任务步骤	任务内容	任务实现描述
	明确任务	提出任务	
	分析过程 （学生借助于参考资料、教材和教师提出的引导问题，自己做一个工作计划，并拟定出检查、评价工作成果的标准要求）	定义工业机器人多种信号	
		采用两种方式定义信号	
		进行快捷键单元按键的可编程设置	
		建立工作站信号	
		完善控制程序并仿真运行	
		进行信号指令的编程	

三、训练评价

请在表 7-12 教学检查与考核评价表里进行学生自评、小组互评和教师评价。

表 7-12　教学检查与考核评价表

检查项目	检查结果及改进措施	分值	学生自评	小组互评	教师评价
练习结果正确性		20分			
知识点的掌握情况（应侧重机器人信号控制和定义信号，适当考虑程序的改进措施）		40分			
能力控制点检查		20分			
课外任务完成情况		20分			
综合评价	学生自评：	小组互评：		教师评价：	

项目总结

I/O 控制指令用于控制 I/O 信号，以达到与工业机器人周边设备进行通信的目的。

当中断条件满足时，则立即执行中断程序中的指令，运行完成后返回调用该中断程序的地方继续往下执行。中断程序经常会用于出错处理、外部信号的响应等对实时响应要求高的场合。

思考与习题

7-1　选择题

（1）ABB 工业机器人的信号类型有（　　）种。

A. 1　　　　　　　B. 2　　　　　　　C. 3　　　　　　　D. 4

（2）ABB 工业机器人 DSQC 651 板有（　　）个数字输入信号。

A. 4　　　　　　　B. 8　　　　　　　C. 16　　　　　　　D. 32

（3）ABB 工业机器人 DSQC 651 板的数字输入信号是从地址（　　）开始的。

A. 0　　　　　　　B. 1　　　　　　　C. 32　　　　　　　D. 33

（4）ABB 工业机器人 DSQC 651 板的数字输出信号是从地址（　　）开始的。

A. 30　　　　　　　B. 32　　　　　　　C. 31　　　　　　　D. 33

（5）ABB 工业机器人软件能进行（　　）。

A. 信号仿真　　　　　　　　　　B. 梯形图仿真

C. 组态仿真　　　　　　　　　　D. 以上说法都正确

（6）如果在 Set 和 Reset 指令前有运动指令 MoveJ、MoveL、MoveC、MoveAbsJ 的转弯区数据，为准确地输出 I/O 信号的状态变化，以下说法正确的是（　　）。

A. 转弯区半径越大越好　　　　　　B. 必须使用 fine

C. 转弯区半径越小越好　　　　　　D. 以上说法都可以

（7）WaitDI di1，1；对此指令说法错误的是（　　）。

A. 等待输入信号 di1 1s，方才跳到下一步骤

B. 直到输入信号 di1 为 1，方才跳到下一步骤

C. 如果到达最大等待时间 300s 以后，di1 的值还不为 1，则机器人报警或进入出错处理程序

D. 如果 di1 为 1，则程序继续往下执行

（8）中断符为 intno1，中断程序为 iTrap，以下中断指令使用错误的是（　　　）。

A. IDelete intno1;　　　　　　　　　　　B. CONNECT intno1 WITH iTrap;

C. ISignalDI di1,1,iTrap;　　　　　　　　D. ISignalDI\Single, di1,1,intno1;

7-2　常用的机器人 I/O 处理信号有哪些？

7-3　I/O 处理控制指令有哪些？

7-4　离线定义信号与在线有什么不同？

项目 8

工业机器人的应用

 项目目标

> 知识目标：掌握工业机器人仿真工作站的布局方法、信号的关联运用和编程要领；了解工业机器人工程应用常用指令。

> 能力目标：利用 RobotStudio 进行搬运、码垛、机床上下料虚拟工作站的组建；学会常用指令的使用；能够实现机器人多种上下料和码放方法的应用。

> 素养目标：通过搭建工业机器人虚拟工作站，培养学生吃苦耐劳、精益求精的工匠精神；通过学习搬运和码垛等虚拟工作站，使学生能吸收前人的优秀经验，并开拓创新；通过调试虚拟工作站，锻造学生谦虚谨慎、艰苦奋斗、敢于斗争和敢于胜利的精神。

项目分析

本项目利用 ABB 工业机器人作业仿真软件 RobotStudio 进行机器人虚拟示教编程、机器人工作站布局和机器人工作姿态优化，使设计更好地贴近现实的工作状况。在实践环节中能使学生认识工业机器人的实际运用，锻炼学生工作站工程布局运用的相关能力。

项目知识

8.1 工业机器人工程应用常用指令

1. 机器人速度相关指令

（1）速度控制指令（Velset） 指令格式为

```
VelSet   Override,Max;
```

其中，Override 表示机器人运行速率（%）；Max 表示机器人最大速度（mm/s）。

每个机器人运动指令均有一个运行速度，在执行速度控制指令后，机器人实际运行速度为运动指令规定的运行速度乘以机器人运行速率（Override），并且不超过机器人最大运行速度（Max）。

如图 8-1 所示，VelSet 50，1000；表示运行此条指令后，机器人的各个运动指令中的速度数据为原来设定的 50%，且运行线速度不能超过 1000mm/s。

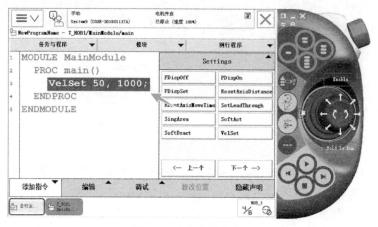

图 8-1　速度控制指令

（2）加速度控制指令（AccSet）　指令格式为

```
AccSet  Acc,Ramp;
```

其中，Acc 表示机器人加速度百分率，100 对应最大加速度，若输入值为 20，则表示最大加速度的 20%。Ramp 表示加速度坡度值，减小这个数值可以限制震动。100 对应最大比例，若输入值为 10，则表示给出最大比例的 10%。

图 8-2 所示为加速度控制指令图示说明。因此该加速度控制指令应用于机器人运行速度改变时，对所产生的相应加速度进行限制，使机器人高速运行时更平缓，但会延长循环时间，系统默认值为 AccSet 100，100。

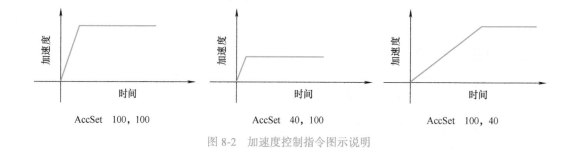

图 8-2　加速度控制指令图示说明

如图 8-3 所示，AccSet 100,100; 表示以最快的时间达到 100% 的加速度。

当处理较大负载时使用 AccSet 指令。它允许减小加速度和减慢速度，使机器人有一个更平滑的运动。

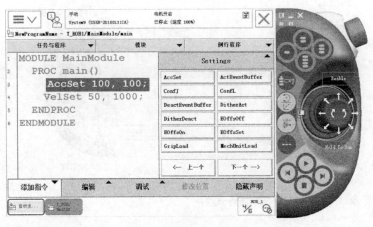

图 8-3　加速度控制指令

（3）速度数据（SpeedData）　指令格式为

```
PERS  speeddata  vLoad:=[4000,500,6000,1000];
```

其中，vLoad 为变量名；第一个参数 4000 为机器人线性运行速度，单位为 mm/s；第二个参数 500 为机器人重定位速度，即姿态旋转速度，单位为 °/s；第三个参数 6000 为外轴线性移动速度，如导轨，单位为 mm/s；第四个参数 1000 为外轴关节旋转速度，如变位机，单位为 °/s。

使用中，当无外轴时，速度数据的前两个参数起作用，并且两者相互制约，保证机器人 TCP 移动至目标位置时，TCP 的姿态也旋转到位。

进入示教器菜单，找到程序数据，如图 8-4 所示，然后双击 speeddata 进入如图 8-5 所示界面，配置 4 个参数。

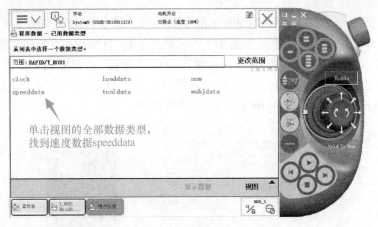

图 8-4　程序数据图

2. 通信指令（人机对话）

（1）清屏指令　清屏指令为 TPErase。

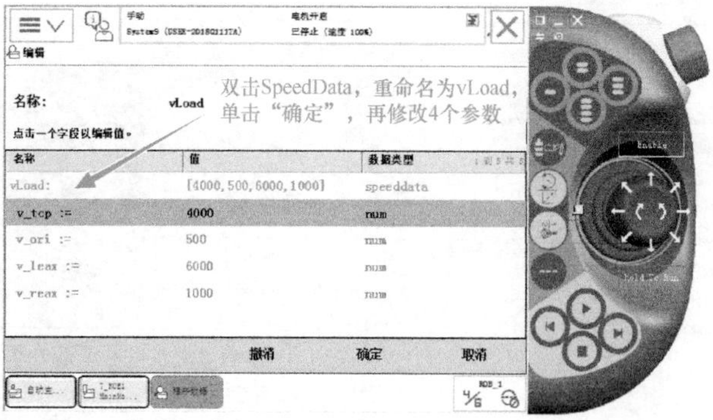

图 8-5 speeddata 具体参数

（2）写屏指令（TPWrite） 指令格式为

```
TPWrite String
```

其中，String 表示显示的字符串。每一个写屏指令最多显示 80 个字符。
例：

```
PROC rWrite()
!写屏程序
     TPErase;
!示教器清屏
     TPWrite "running";
!显示运行
     TPWrite "shijiangshi"\Num:=shijiang1;
!运行时间写屏
   ENDPROC
```

创建写屏程序步骤如下：

在"添加指令"界面，找到 TPWrite 指令后，双击指令，出现如图 8-6 所示界面，配置好参数后，单击"确定"，进入如图 8-7 所示界面，即 TPWrite 指令成功添加到程序中，再单击其参数，进入如图 8-8 所示界面，单击"可选变量"，在如图 8-9 所示界面中单击"/Num"选项，进入如图 8-10 所示界面，选择数据"shijian1"，单击"确定"，即看到如图 8-11 所示界面，完整的 TPWrite 指令添加到程序中。

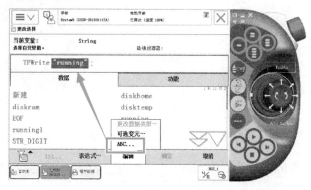

图 8-6 TPWrite 指令参数配置图

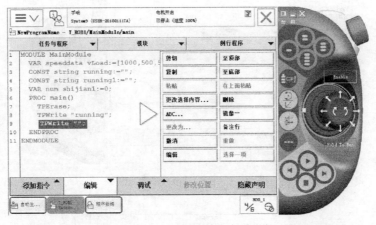

图 8-7　添加 TPWrite 指令到程序

图 8-8　配置 TPWrite 指令的可选变量

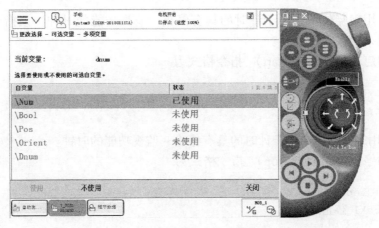

图 8-9　选择要更改的参数变量

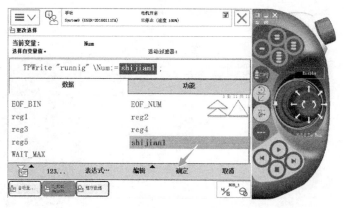

图 8-10 选择"shijian1"数据

图 8-11 完整的 TPWrite 指令添加到程序中

3. 计时指令

（1）时钟复位指令（ClkReset） 指令格式为

```
ClkReset Clock1;
!时钟 Clock1 被复位
```

ClkReset 用来复位一个用于计时的具有停止 – 监视功能的时钟。该指令在时钟指令之前使用，用来确保它归零。

（2）时钟启动指令（ClkStart） 指令格式为

```
ClkStart Clock1;
!时钟 Clock1 开始计时
```

ClkStart 用来开始一个用于计时的具有停止 – 监视功能的时钟。

（3）时钟停止指令（ClkStop） 指令格式为

```
ClkStop Clock1;
!时钟 Clock1 停止计时
```

ClkStop 用来停止一个用于计时的具有停止 – 监视功能的时钟。

如图 8-12 所示，用户可添加 3 条计时指令。

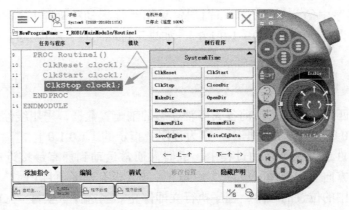

图 8-12　3 条计时指令的添加

4. 轴配置监控指令

（1）轴监控开关（ConfJ）　该指令指定机器人在关节运动过程中是否严格遵循程序中已设定的轴配置参数。默认情况下轴配置监控是打开的，当关闭轴配置监控后，机器人在运动过程中采取接近当前轴配置数据的配置到达指定目标点。

目标点 p10 中，数据［1,0,1,0］就是此目标点的轴配置数据。该指令的基本范例说明如下：

例 1
```
ConfJ \Off;
MoveJ p10, v1000, fine, tool1;
```

机器人自动匹配一组接近当前各关节轴姿态的轴配置数据，采用关节运动移动至目标点 p10，到达 p10 时，轴配置数据不一定为程序中指定的［1,0,1,0］。

注意：如在机器人运动过程中出现报警"轴配置错误"而造成停机，原因可能是相邻两目标点间轴配置数据相差较大，可通过添加中间过渡点解决；若对轴配置要求不高，则可通过指令 ConfL\Off 关闭轴监控，使机器人自动匹配可行的轴配置来到达指定目标点。

例 2
```
ConfJ\On;
MoveJ p10, v1000, fine, tool1;
```

机器人按程序中的位置、方向和轴配置，采用关节运动移动至目标点 p10，到达 p10 时，轴配置数据为程序中指定的［1,0,1,0］。如果不可能实现，程序执行将停止。

说明：当选择了项目"\On"（或者没有选择项目）时，机器人通常运动到程序中的轴配置数的位置。如果不能使用程序中的位置和方向，在运动开始之前程序执行就停止。

当选择了项目"\Off"时，机器人通常运动到最接近的轴配置。这将可能和程序中的轴配置数据不一样。

（2）轴监控开关（ConfL）　用来指定在线性或者圆周运动过程中是否严格遵循程序中已设定的轴配置参数。如果不指定，执行时候的配置可能和程序中的配置不一样。当模式改变为关节运动时，也可能导致不可预知的机器人运动。

该指令的基本范例说明如下，。

例 1
```
ConfL \On;
MoveL p10, v1000, fine, tool1;
```

机器人按程序中的位置、方向和轴配置采用线性运动移动至目标点 p10，到达 p10 时，轴配置数据为程序中指定的［1,0,1,0］。如果不可能实现，程序执行将停止。

例 2
```
ConfL \Off;
MoveL p10, v1000, fine, tool1;
```

机器人自动匹配一组接近当前各关节轴姿态的轴配置数据，采用线性运动移动至目标点 p10，到达 p10 时，轴配置数据不一定为程序中指定的［1,0,1,0］。

说明：在线性或者圆周运动过程中，机器人通常运动到拥有最接近的可能轴配置的程序中的位置和方向。当选择了项目"\ On"（或者没有选择项目）时，如果有从当前位置不能到达程序中的位置的风险，程序执行立即停止。当选择了项目"\Off"时，就没有监视。

对于 ConfL\On 和 ConfL\Off，为避免出现"轴配置错误"的报警而造成停机的问题，可以插入中间点，使点之间的每一个轴的运动角度小于 90°。更精确地说，任意一对轴（1+4）（1+6）（3+4）和（3+6）的运动角度之和不应该超过 180°。在机器人示教器上找到轴配置监控指令，如图 8-13 所示。

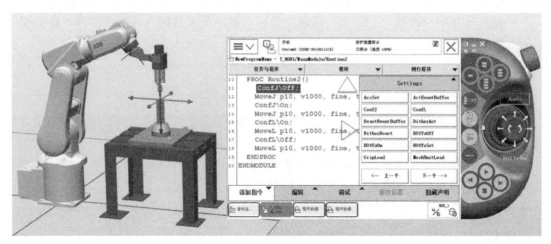

图 8-13 轴配置监控指令使用

8.2 工业机器人搬运应用

工业机器人
搬运

1. 机器人的搬运

搬运作业是指用一种设备握持工件，从一个加工位置移到另一个加工位置。机器人广泛应用于冲压机自动化生产线、自动装配流水线等的自动搬运。并且它还可以安装不同的夹具、末端执行器以完成各种不同形状和状态的工件搬运工作，大大减轻了人类繁重的体力劳动。

下面介绍搬运案例，首先解包文件并初始化，双击文件"ST_Carry.rspag"，再根据前几个项目的具体操作流程进行解压。解包后的搬运机器人和环境如图 8-14 所示。单击
▷ 图标便可查看其具体的动作流程。最后单击 ⏸ 图标进行复位。

图 8-14　搬运机器人和环境

　　根据项目 7 的配置方式配置一个 DSQC 652 通信板卡（数字量 16 进 16 出），Unit 单元参数和 I/O 信号配置表见表 8-1 和表 8-2。I/O 信号配置表中，Di_1 为工件传送到位时所输入的信号；Do_1 为夹具夹持时所输出的信号。也可以根据图 8-15 所示步骤配置 DSQC 652 通信板卡，根据图 8-16 所示步骤配置 Di_1 信号。**注意**：配置 Di_1 信号时不能重复。

表 8-1　Unit 单元参数

Name	Type of Unit	Connected to Industrial Network	DeviceNet Address
d652	DSQC 652	DeviceNet	10

表 8-2　I/O 信号配置表

Name	Type of Signal	Assigned to Device	Device Mapping	信号注释
Di_1	Digital Input	d652	1	到位信号 1
Do_1	Digital Output	d652	1	夹具

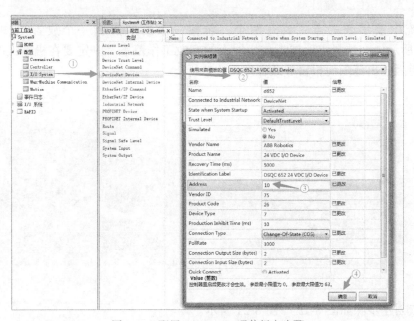

图 8-15　配置 DSQC 652 通信板卡步骤

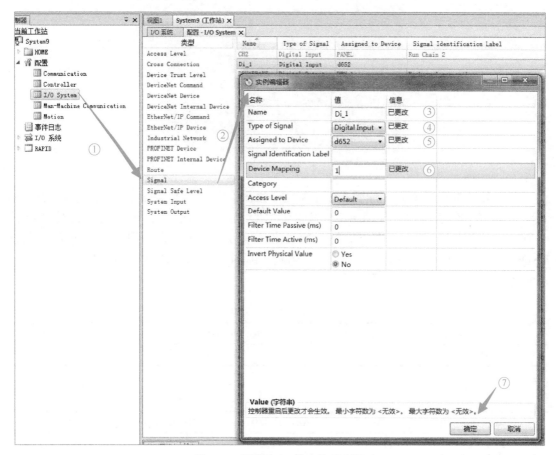

图 8-16 配置输入 / 输出信号步骤

2. 机器人搬运的示教点

在系统中要示教的点主要有两个，包括一个拾取点和一个放置点，如图 8-17 和图 8-18 所示，在选择点时要考虑机器人的有效工作范围，一定要在机器人的工作范围内，以避免因超出范围而报警导致程序无法执行。

图 8-17 拾取点

图 8-18 放置点

示教点创建步骤如图 8-19 ～图 8-21 所示。

图 8-19　选择"程序数据"

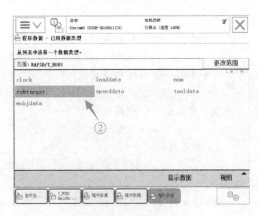

图 8-20　选择数据类型

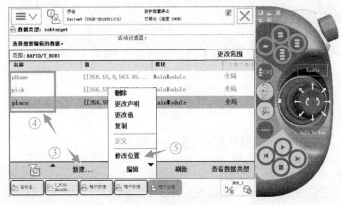

图 8-21　创建示教点

3. 机器人搬运的程序

搬运一个工件的程序如下：

```
PROC Main()
 !主程序
        rInitAll;
 !调用初始化程序（子程序）
                MoveJ Offs(ppick,0,0,80), v1000, fine, ToolFrame\
WObj:=wobj0;
  !利用 MoveJ 移动到拾取点正上方 Z 轴正方向 80mm 处
                MoveL ppick, v1000, fine , ToolFrame\WObj:=wobj0;
 !利用 MoveL 移动到拾取点
                Set do_1;
 !置位夹紧信号，使其夹住工件
                WaitTime 1;
 !等待夹取时间
                MoveL Offs(ppick,0,0,80), v1000, fine, ToolFrame\
WObj:=wobj0;
    !利用 MoveL 回到拾取点正上方
                MoveJ Offs(pplace,0,0,80), v1000, fine, ToolFrame\
```

```
WObj:=wobj1;
    ! 利用 MoveL 移动到放置点正上方
              MoveL pplace, v1000, fine , ToolFrame\WObj:=wobj1;
    ! 利用 MoveL 移动到放置点
              Reset do_1;
    ! 复位夹取信号，使其松开
              WaitTime 0.5;
    ! 放置等待时间
              MoveL Offs(pplace,0,0,80), v1000, fine, ToolFrame\
WObj:=wobj1;
    ! 利用 MoveL 回到放置点正上方
              MoveJ pHome, v1000, fine, ToolFrame\WObj:=wobj0;
        ENDPROC
```

编写子程序如下：

```
PROC rInitAll()
! 初始化程序
        AccSet 50, 80;
! 加速度控制指令
        VelSet 50, 1000;
! 速度控制指令执行此程序运行的最大速度是 1000mm/s
        Reset do_1;
! 复位抓取信号
        MoveJ pHome, v1000, fine , ToolFrame;
! 机器人位置初始化，将其移动到 pHome 点
    ENDPROC
```

🔍 **思维拓展：运行双工位程序**

机器人在拾取点 1 将输送带 1 上的工件搬运到工位 1 的放置点 1 上，然后机器人在拾取点 2 将输送带 2 上的工件搬运到工位 2 的放置点 2 上。机器人依次进行循环搬运，如图 8-22 ~ 图 8-25 所示。

图 8-22　拾取点 1

图 8-23　拾取点 2

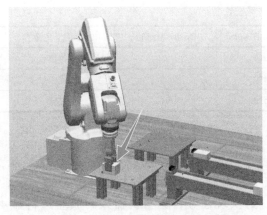

图 8-24　放置点 1

图 8-25　放置点 2

8.3　工业机器人码垛应用

工业机器人
码垛

1. 机器人的码垛

码垛是物流自动化技术领域的一门技术，码垛要求将袋装、箱体等对象按照一定模式和次序码放在托盘上，以实现物料的搬运、存储、装卸、运输等物流活动。目前码垛作业中袋装或箱体的码放方式如图 8-26 所示。

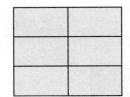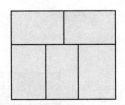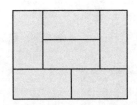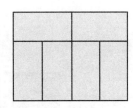

图 8-26　码放方式

解压文件并初始化，双击压缩文件"IRB120.rspag"，再根据前几个项目的具体操作流程进行解压。解压后便可以看到码垛环境如图 8-27 所示。

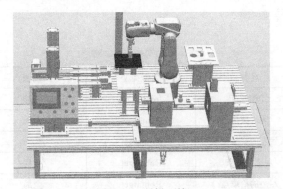

图 8-27　码垛环境

根据项目 7 的配置方式配置一个 DSQC 652 通信板卡。I/O 信号配置表见表 8-3，其中 Di_1 为工件从右传送到位时所输入的信号；Di_2 为工件从左传送到位时所输入的信号；Do_1 为夹具夹持工件时所输出的信号。

表 8-3 I/O 信号配置表

Name	Type of Signal	Assigned to Device	Device Mapping	信号注释
Di_1	Digital Input	Board10	1	到位信号 1
Di_2	Digital Input	Board10	2	到位信号 2
Do_1	Digital Output	Board10	1	夹具

2. 机器人码垛目标点的示教

在系统中要示教的点主要有两个，包括一个放置点和一个拾取点，如图 8-28 所示，输送带上的拾取点是固定的，它由固定的传感器检测，而放置点主要跟设置的坐标系和位置计算有关，如图 8-29 和图 8-30 所示。为实现任务，编写机器人码放左边料盘 4 个工件的程序或者编写机器人码放右边料盘 5 个工件的程序，可参考表 8-4 创建码垛示教点。

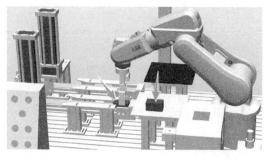

图 8-28 码垛的示教点

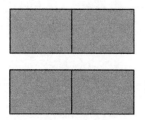

图 8-29 左边料盘的码放方式

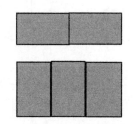

图 8-30 右边料盘的码放方式

表 8-4 创建码垛示教点

示教点	名称	数据类型	范围	存储类型
P_HOME	工作原点	Jointtarget	全局	常量
ncount	码垛数量	num	全局	变量
stack_pos1	放置点的变量赋值	Robtarget	全局	变量
plaseleft	左边放置点	Robtarget	全局	变量
pickleft	左边的拾取点	Robtarget	全局	变量
plaseright	右边放置点	Robtarget	全局	变量
pickright	右边的拾取点	Robtarget	全局	变量
stack_pos2	放置点的变量赋值	Robtarget	全局	变量

（1）编写机器人码放左边料盘 4 个工件的程序

```
PROC main()
!主程序
        Initialize;
!调用初始化程序 1
!利用程序 WHILE 将初始化程序隔开
            WHILE ncount<=4 DO
            IF Di_1=1 THEN
            ncount:= ncount+1
            MoveJ Offs(pickleft,0,0,80), v500, fine, ToolFrame\WObj:=wobj1;
!利用 MoveJ 移动到拾取点正上方 Z 轴正方向 80mm 处
            MoveL pickleft, v200, fine , ToolFrame\WObj:=wobj1;
!利用 MoveJ 移动到拾取点
            Set do_1;
!置位夹紧信号，使其夹住工件
            WaitTime 1;
!等待夹取时间
            MoveL Offs (pickleft ,0,0,80), v500, fine, ToolFrame\WObj:=wobj1;
!利用 MoveL 移动到拾取点正上方 Z 轴正方向 80mm 处
            MoveJ Offs(stack_pos1,0,0,80), v500, fine, ToolFrame\WObj:=wobj1;
!利用 MoveJ 移动到放置点正上方
            MoveL stack_pos1, v200, fine , ToolFrame\WObj:=wobj1;
!利用 MoveL 移动到放置点
            Reset do_1;
!夹取信号，使其松开
            WaitTime 0.5;
!放置等待时间
            MoveL Offs(stack_pos1,0,0,80), v1000, fine, ToolFrame\WObj:=wobj1;
!利用 MoveJ 移动到放置点正上方
            MoveJ P_HOME, v500, fine, ToolFrame\WObj:=wobj1;
!调用子程序 2
            rCount;
        ENDIF
    ENDPROC
ENDMODULE
PROC Initialize()
!初始化程序 1
 MoveAbsJ P_HOME\NoEOffs,v300,z50, ToolFrame\WObj:=wobj1;
    AccSet 50, 80;
!加速度控制指令
    VelSet 50, 1000
!速度控制指令执行此程序运行的最大速度是 1000mm/s
    Reset do_1;
!复位抓取信号
    ncoun:=0
    ENDPROC
```

```
PROC rCount()
!子程序 2, 属于计算程序
        TEST ncount
        CASE 1:
            stack_pos1:= plaseleft;
!第一点为示教点
        CASE 2:
            stack_pos1:= Offs(plaseleft,80,0,0);
!第二点为示教点向 X 轴偏移 80mm
      CASE 3:
            stack_pos1:= Offs(plaseleft,80,100,0);
! 第三点为示教点向 X 轴偏移 80mm, 向 Y 轴偏移 80mm
        CASE 4:
            stack_pos1:= Offs(plaseleft,0,100,0);
!第四点为示教点向 Y 轴偏移 100mm
        ENDTEST
    ENDPROC
ENDMODULE
```

注意：数据类型为 robtarget，变量、赋值计算显示为绿色表示正确，如图 8-31 所示。

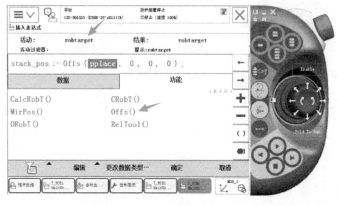

图 8-31　robtarget 数据类型配置图

（2）编写机器人码放右边料盘 5 个工件的程序

```
PROC main()
!主程序
        Initialize;
!调用初始化程序 1
        WHILE ncount<=5 DO
        IF Di_1=1 THEN
        ncount:=ncount+1
!利用程序 WHILE 将初始化程序隔开
            MoveJ Offs(pickright,0,0,80), v500, fine, ToolFrame\WObj:=wobj1;
!利用 MoveJ 移动到拾取点正上方 Z 轴正方向 80mm 处
```

```
                    MoveL pickright, v200, fine , ToolFrame\WObj:=wobj1;
```
! 利用 MoveL 移动到拾取点
```
                    Set do_1;
```
! 置位夹紧信号，使其夹住工件
```
                    WaitTime 1;
```
! 等待夹取时间
```
                    MoveL Offs (pickright ,0,0,80), v500, fine, ToolFrame\
                    WObj:=wobj1;
```
! 利用 MoveL 移动到拾取点正上方 Z 轴正方向 80mm 处
```
                     MoveJ Offs(stack_pos2,0,0,80), v500, fine, ToolFrame\
                    WObj:=wobj1;
```
! 利用 MoveJ 移动到放置点正上方
```
                    MoveL stack_pos2, v200, fine , ToolFrame\WObj:=wobj1;
```
! 利用 MoveL 移动到放置点
```
                    Reset do_1;
```
! 夹取信号，使其松开
```
                    WaitTime 0.5;
```
! 放置等待时间
```
                    MoveL Offs(stack_pos2,0,0,80), v1000, fine, ToolFrame\
                    WObj:=wobj1;
```
! 利用 MoveL 移动到放置点正上方
```
                    rCount;
```
! 调用子程序 2
```
            ENDIF
ENDPROC
ENDMODULE
PROC Initialize()
```
    ! 初始化程序 1
```
    MoveAbsJ P_HOME\NoEOffs,v300,z50, ToolFrame\WObj:=wobj1;
            AccSet 50, 80;
```
! 加速度控制指令
```
      VelSet 50, 1000
```
! 速度控制指令执行此程序运行的最大速度是 1000mm/s
```
      Reset do_1;
```
! 复位抓取信号
```
    ncount:=0
ENDPROC
ENDMODULE
PROC rCount()
```
! 子程序 2，属于计算程序
```
            TEST ncount
            CASE 1:
                stack_pos 2:= plaseright;
```
  ! 第一点为示教点
```
            CASE 2:
                stack_pos2:= Offs(plaseright,80,0,0);
```

```
        !第二点为示教点向X轴偏移80mm
                CASE 3:
                    stack_pos2:= Offs(plaseright,160,0,0);
        !第三点为示教点向X轴偏移80mm,向Y轴偏移80mm
                CASE 4:
                    stack_pos2 := RelTool(plaseright,-40,70,0\Rz:=90);
```
!第四点为机器人 TCP 移动到 pplace10,并以此为基准,X 轴偏移 −40mm,Y 轴偏移 70mm（以实际测量为准）,沿 tool 的 Z 轴旋转 90°
```
                CASE 5:
                    stack_pos2:= RelTool(plaseright,-90,70,0\Rz:=90);
```
!第五点为机器人 TCP 移动到 pplace10,并以此为基准,X 轴偏移 −90mm,Y 轴偏移 70mm,沿 tool 的 Z 轴旋转 90°
```
                ENDTEST
        ENDPROC
ENDMODULE
```

注意：示教器编程时，选择"功能"进入 RelTool 指令界面，如图 8-32 所示。选择"编辑→ Optional Arguments"，选择 Z 轴参数，如图 8-33 所示。RelTool 指令配置成功，如图 8-34 所示。

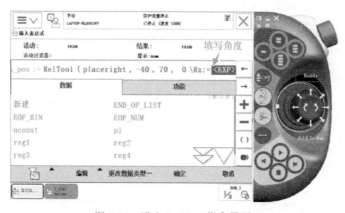

图 8-32　进入 RelTool 指令界面

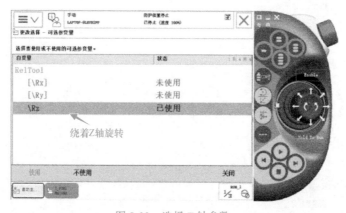

图 8-33　选择 Z 轴参数

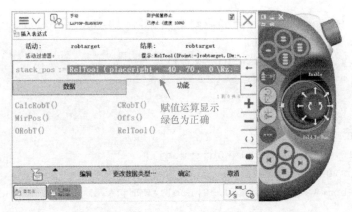

图 8-34　RelTool 指令配置成功

（3）使用 FOR 指令编写码垛程序

如果 X、Y、Z 轴方向需要码放很多工件，可以用 FOR 指令结合乘法运算编写码垛程序。

参考范例如下：

```
PROC main()
Reset do_1;
MoveAbsJ Phome\NoEOffs,v300,z0,tool1;
MoveJ P10,v100,z0,tool1\WObj:=wobj1;
!利用示教点 P10 作为安全过渡点。
      FOR z FROM 0 TO 1 DO
        !层循环,z 轴放 2 层工件
            FOR y FROM 0 TO 3 DO
              !列循环,y 轴放 4 个工件
                  FOR x FROM 0 TO 3 DO
                    !行循环,x 轴放 4 个工件
MoveJ Offs(Ppick,0,0,50),v500,fine,tool1\WObj:=wobj1;
!利用 Movej 移动到拾取点正上方 Z 轴正方向 50mm 处
MoveL Ppick,v200,fine ,tool1\WObj:=wobj1;
!利用 Movej 移动到拾取点
                  Set do_1;
                  !置位夹紧信号,使其夹住工件
                  WaitTime 1;
                  !等待夹取时间
MoveL Offs (Ppick ,0,0,50),v500,fine,tool1\WObj:=wobj1;
!利用 MoveL 移动到拾取点正上方 Z 轴正方向 50mm 处
MoveJ Offs(Pplace,x*80,-y*50,(z*30)+50),v10,fine,tool1\WObj:=wobj1;
!利用 MoveJ 移动到放置点正上方,Pplace 为放料示教点
MoveL Offs(Pplace,x*80,-y*50,z*30),v10,fine,tool1\WObj:=wobj1;
!放料时注意,机器人直接放料时难免会有偏差,Pplace 为放料示教点需仔细校准（与 X、Y、
Z 轴码放个数相乘的数值以实际工件的长宽高间距为准）
    Reset do_1;
    WaitTime 1;
```

```
MoveL Offs(Pplace,x*80,-y*50,(z*30)+50),v10,fine,tool1\WObj:=wobj1;
!利用 MoveL 回到放置点正上方
MoveJ P10,v100,z0,tool1\WObj:=wobj1;
!利用示教点 P10 作为安全过渡点。
                  ENDFOR
            ENDFOR
        ENDFOR
MoveJ L P10,v100,z0,tool1\WObj:=wobj1;
!利用示教点 P10 作为安全过渡点。
MoveAbsJ Phome\NoEOffs,v300,z0,tool1\WObj:=wobj1;
ENDPROC
```

注意 FOR 指令的引用方法以及 X、Y、Z 为 num 数据类型。通过三层 for 循环，进行码垛，如图 8-35 所示；配置 FOR 指令参数时先 X 方向，再 Y 方向，再 Z 方向，如图 8-36 所示。

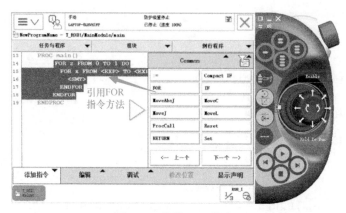

图 8-35　选择 FOR 指令

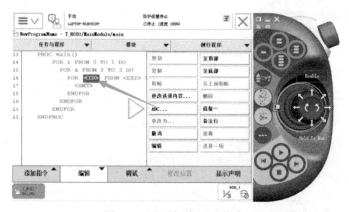

图 8-36　配置好的 FOR 指令

本项目介绍的多机器人柔性制造生产线仿真系统由上下料工业机器人、仓储机器人、可编程控制器（PLC）、数控机床（CNC）、翻转夹具、输送线、供料站、仓储站和其他周边设备组成，如图 8-37 所示。生产线以 PLC 为控制核心，通过 PLC 连接外围设备，建立设备间通信及管理，实现机器人在数控机床和输送线之间的上下料、转运和仓储。

上下料工业机器人和仓储机器人都选用 ABB IRB1410 机器人，其精度高、操作速度快，适用于上下料、物料搬运等领域，且添加了专门的气动末端执行器，可实现数控机床自动抓取、上下料、工件转运和仓储。

供料站可提供 9 个粗加工工件，每个工件下方安装有光电传感器，便于检测工件的有无和机器人的抓取。供料站装有气动翻转夹具，方便调整工件的位置和姿态，翻转夹具上安装有工件检测传感器。

多机器人柔性制造生产线仿真系统工作流程为：上下料机器人先抓取一个粗加工工件，放入机床进行精加工，加工好一端后，机器人取下工件，放到工件翻转台上，工件翻转，机器人从翻转台抓取工件，放入机床精加工另一端，加工完毕后，机器人抓取加工完毕的工件放到输送线指定位置，光电传感器检测到工件到位，启动输送线传输到指定位置，输送线另一端的光电传感器检测工件到位，启动仓储机器人搬运工件到指定位置。整个工作站能实行进行机器人、机床、输送线的相互通信，并有强制互锁程序，以确保机器人与其他设备之间不会发生任何碰撞。

解压文件并初始化，双击压缩文件"ST_ProductionLn.rspag"进行解包，解包后单击
▶图标便可查看其具体的动作流程。最后单击 图标进行复位。

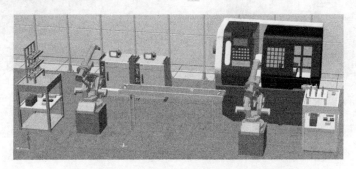

图 8-37 多机器人柔性制造生产线仿真系统

一、机器人上下料目标点的示教

工业机器人机床上下料装置是将待加工工件送到机床的加工位置和将已加工工件从加工位置取下的工业机器人全自动机械装置，又称工业机器人工件自动装卸装置。大部分机床上下料装置的下料机构比较简单，或上料机构兼有下料功能，所以机床的上下料装置也常被简称为上料装置。工业机器人的显著优点是节拍快、精准，且如果使用多功能夹具进行装夹时可实现多种不同的加工效果，机床加设机器人上下料装置后，可使加工循环连续自动进行，成为自动机床。机床上下料装置用于效率高、机动时间短、工件装卸频繁的半

自动机床，能显著地提高生产效率和减轻工人体力劳动。机床上下料装置也是组成自动生产线必不可少的辅助装置。

本项目机器人机床上下料需示教的点数共有 14 个，具体为 9 个待加工工件抓取点（见图 8-38），1 个机床放置点（见图 8-39）、1 个工件旋转点（见图 8-40），1 个输送带放置点（见图 8-41）以及 2 个过渡点。9 个待加工工件放置点同样装有传感器进行位置判断，旋转点主要是为了模拟工具与工件之间的换夹，过渡点是为了满足姿态的要求。机床上下料工作站示教点见表 8-5。

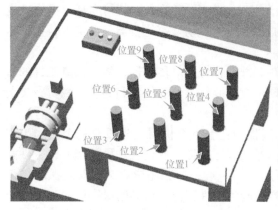

图 8-38 待加工工件抓取点

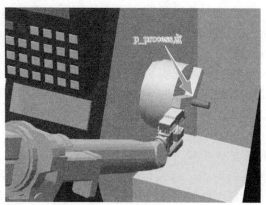

图 8-39 机床放置点

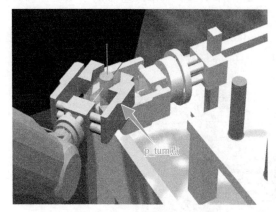

图 8-40 工件旋转点

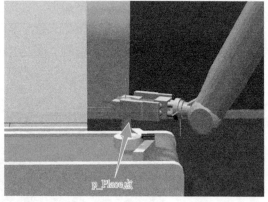

图 8-41 输送带放置点

表 8-5 机床上下料工作站示教点

示教点	名称	数据类型	范围	存储类型
p_home	工作原点	Jointtarget	全局	常量
p_pick	抓取点的变量赋值	Robtarget	全局	变量
p_pick11	工件盘位置 1 抓取点	Robtarget	全局	变量
p_process	机床放置点	Robtarget	全局	变量
p_turn	工件旋转点	Robtarget	全局	变量
p_conveyor_R	输送带放置点	Robtarget	全局	变量
p_pro_con_1	过渡点 1	Robtarget	全局	变量
p_pro_con_2	过渡点 2	Robtarget	全局	变量

二、机器人上下料 I/O 信号

在虚拟示教器或在离线中进行系统的 I/O 配置，根据项目 7 的配置方式配置一个 DSQC 651 通信板卡，机床上下料工作站 I/O 信号配置表见表 8-6。

表 8-6　机床上下料工作站 I/O 信号配置表

序号	信号名称	含义	单元映射	类型
1	di10_Clamped_2	夹具 2 到位信号	10	数字量输入信号
2	di11_DoorOpen	机床门打开到位信号	11	数字量输入信号
3	di_1～di_9	9 个抓取点的组信号	1～9	数字量输入信号
4	di12_Turned	夹具 3 旋转到位信号	12	数字量输入信号
5	di13_processed	机床加工完成信号	13	数字量输入信号
6	do03_DoorClose	机床门关闭到位信号	3	数字量输出信号
7	do02_Turning	夹具 3 旋转到位信号	2	数字量输出信号
8	do01_ClampAct_3	机床卡盘夹具夹紧到位信号	1	数字量输出信号
9	do00_ClampAct_2	夹具 2 夹紧到位信号	0	数字量输出信号

三、机器人机床上下料程序

```
MODULE MainModule
  VAR robtarget
p_pick:=[[83.87,65.91,-84.32],[0.560691,-0.448712,0.535871,0.443989],[-
1,-1,0,0],[9E+09,9E+09,9E+09,9E+09,9E+09,9E+09]];
  CONST robtarget
p_pick11:=[[71.21,83.14,84.74],[0.00545746,-0.712714,-0.027376,-
0.700899],[-1,0,-1,0],[9E+09,9E+09,9E+09,9E+09,9E+09,9E+09]];
  CONST robtarget
p_process:=[[1499.04,-98.24,811.99],[0.501646,-0.498339,0.497249,-
0.502745],[-1,-1,1,0],[9E+09,9E+09,9E+09,9E+09,9E+09,9E+09]];
  CONST robtarget
p_turn:=[[-113.29,539.23,27.08],[0.203061,-0.683258,-0.220473,-
0.66582],[-1,0,-1,0],[9E+09,9E+09,9E+09,9E+09,9E+09,9E+09]];
  CONST robtarget
p_conveyor_R:=[[623.97,848.42,516.37],[0.389352,-0.590612,-0.390183,-
0.589356],[0,-1,0,0],[9E+09,9E+09,9E+09,9E+09,9E+09,9E+09]];
  CONST robtarget
p_home:=[[806.62,-7.86,1099.86],[0.00344416,0.707851,-
0.0034508,0.706345],[-1,-1,0,0],[9E+09,9E+09,9E+09,9E+09,9E+09,9E+09]];
!需要示教的目标点数据,第一个抓取点p_pick11,机床放置点p_process,工件旋转点p_
turn,输送带右边放置点p_conveyor_R以及HOME点p_home
  CONST speeddata vLoadMax:=[1000,300,5000,1000];
  CONST speeddata vLoadMin:=[500,200,5000,1000];
  CONST speeddata vEmptyMin:=[800,200,5000,1000];
```

```
        CONST speeddata vEmptyMax:=[2000,500,5000,1000];
```
! 速度数据，根据实际需求定义多种速度数据，以便于控制机器人各动作的速度
```
        TASK PERS loaddata loadFull:=[1,[0,0,55],[1,0,0,0],0,0,0];
        PROC main()
            rInitAll;
```
! 调用初始化程序
```
            WHILE TRUE DO
```
! 利用 WHILE 循环，将初始化程序隔开，即只在第一次运行时需要执行一次初始化程序，之后
循环执行计算加工程序
```
            rCalPosition;
```
! 调用计算抓取位置程序
```
            rProcess;
```
! 调用加工程序
```
        ENDWHILE
ENDPROC
PROC rInitAll()
```
! 初始化程序
```
        ConfJ\Off;
        ConfL\Off;
```
! 关闭轴配置监控
```
        AccSet 100,80;
```
! 定义最高加速度
```
        VelSet 100,2000;
```
! 定义最高速度
```
        Reset do00_ClampAct_2;
```
! 初始化夹具 2 夹紧到位信号
```
        Reset do01_ClampAct_3;
```
! 初始化机床卡盘夹具夹紧到位信号
```
        Reset do02_Turning;
```
! 初始化夹具 3 旋转到位信号
```
        Reset do03_DoorClose;
```
! 初始化机床门关闭到位信号
```
        MoveJ p_home, vEmptyMax, fine, tGripper\WObj:=wobj0;
```
! 让机器人回到 HOME 点
```
ENDPROC
PROC rProcess()
```
! 加工程序
```
        MoveJ Offs(p_pick,0,0,150), vEmptyMax, z50, tGripper\WObj:=WObj_Pick;
```
! 移至抓取点正上方
```
        MoveL p_pick, vEmptyMin, fine, tGripper\WObj:=WObj_Pick;
```
! 移至抓取点
```
        Set do00_ClampAct_2;
```
! 置位夹具 2 夹紧到位信号，夹取工件
```
        WaitDI di10_Clamped_2, 1;
```
! 等待夹具 2 夹紧到位信号
```
        GripLoad loadFull;
```

```
    !加载载荷数据
        MoveL Offs(p_pick,0,0,150), vLoadMin, z50, tGripper\WObj:=WObj_
Pick;
    !垂直向上提升工件
        MoveJ Offs(p_process,-700,-40,0), vLoadMax, z50, tGripper\
WObj:=wobj0;
    !将工件移至机床前
        MoveL Offs(p_process,0,-40,0), vLoadMax, z10, tGripper\
WObj:=wobj0;
    !将工件移至卡盘前
        MoveL p_process, vLoadMin, fine, tGripper\WObj:=wobj0;
    !将工件插入卡盘
        Reset do00_ClampAct_2;
    !复位夹具2夹紧到位信号，即松开夹具2，释放工件
        WaitDI di10_Clamped_2, 0;
    !等待夹具2松开到位信号
        GripLoad load0;
    !加载载荷数据
        MoveJ Offs(p_process,-700,-40,0), vEmptyMax, fine, tGripper\
WObj:=wobj0;
    !将机器人移回机床前等待
        Set do03_DoorClose;
    !置位机床门关门到位信号，将机床门关上，机床自动加工
        WaitDI di13_Processed, 1;
    !等待机床加工完成信号
        Reset do03_DoorClose;
    !复位机床门关门到位信号，将机床门打开
        WaitDI di11_DoorOpen, 1;
    !等待机床门打开到位信号
        MoveL p_process, vEmptyMin, fine, tGripper\WObj:=wobj0;
    !将机器人移至卡盘前
        Set do00_ClampAct_2;
    !置位夹具2夹紧到位信号，夹取工件
        WaitDI di10_Clamped_2, 1;
    !等待夹具夹紧到位信号
        GripLoad loadFull;
    !加载载荷数据
        MoveL Offs(p_process,0,-40,0), vLoadMin, z10, tGripper\
        WObj:=wobj0;
    !拔出工件
        MoveJ Offs(p_process,-700,-40,0), vLoadMax, z50, tGripper\
WObj:=wobj0;
    !将工件移出机床
        MoveJ Offs(p_turn,0,0,150), vLoadMax, z30, tGripper\WObj:=WObj_
Pick;
    !将工件移至夹具3上方
```

```
        MoveL p_turn, vLoadMin, fine, tGripper\WObj:=WObj_Pick;
```
! 将工件移到夹具 3 中，即工件旋转点上
```
        Set do01_ClampAct_3;
```
! 置位机床卡盘夹具夹紧到位信号，夹紧工件
```
        WaitTime 0.3;
```
! 预留夹紧时间，以保证夹具将工件夹紧
```
        Reset do00_ClampAct_2;
```
! 复位夹具 2 夹紧到位信号，即松开夹具 2
```
        WaitDI di10_Clamped_2, 0;
```
! 等待夹具 2 松开到位信号
```
        MoveL Offs(p_turn,0,0,150), vEmptyMin, fine, tGripper\WObj:=WObj_
Pick;
```
! 向上移开机器人
```
        Set do02_Turning;
```
! 置位夹具 3 的旋转到位信号，旋转工件
```
        WaitDI di12_Turned, 1;
```
! 等待夹具 3 旋转到位信号
```
        MoveL p_turn, vLoadMin, fine, tGripper\WObj:=WObj_Pick;
```
! 将机器人移回夹具 3 上
```
        Set do00_ClampAct_2;
```
! 置位夹具 2 夹紧到位信号，夹紧工件
```
        WaitDI di10_Clamped_2, 1;
```
! 等待夹具 2 夹紧到位信号
```
        GripLoad loadFull;
```
! 加载载荷数据
```
        Reset do01_ClampAct_3;
```
! 复位机床卡盘夹具到位信号，松开工件
```
        WaitTime 0.3;
```
! 预留夹具 3 松开时间，以保证夹具将工件完全松开
```
        MoveL Offs(p_turn,0,0,150), vLoadMin, z30, tGripper\WObj:=WObj_Pick;
```
! 垂直向上将工件移离夹具 3
```
        MoveJ Offs(p_process,-700,-40,0), vLoadMax, z50, tGripper\WObj:=wobj0;
```
! 将工件移至机床前
```
        Reset do02_Turning;
```
! 复位夹具 3 的旋转到位信号，让夹具 3 旋转回去
```
        MoveL Offs(p_process,0,-40,0), vLoadMax, z10, tGripper\
WObj:=wobj0;
```
! 将工件移至卡盘前
```
        MoveL p_process, vLoadMin, fine, tGripper\WObj:=wobj0;
```
! 将工件插入卡盘
```
        Reset do00_ClampAct_2;
```
! 复位夹具 2 夹紧到位信号，松开夹具 2，释放工件
```
        WaitDI di10_Clamped_2, 0;
```
! 等待夹具 2 松开到位信号
```
        GripLoad load0;
```
! 加载载荷数据

```
        MoveJ Offs(p_process,-700,-40,0), vEmptyMax, fine, tGripper\
WObj:=wobj0;
```
!将机器人移回机床前等待
```
        Set do03_DoorClose;
```
!置位机床门关闭到位信号，将机床门关上，机床自动加工
```
        WaitDI di13_Processed, 1;
```
!等待机床加工完成信号
```
        Reset do03_DoorClose;
```
!复位机床门关闭到位信号，将机床门打开
```
        WaitDI di11_DoorOpen, 1;
```
!等待机床门打开到位信号
```
        MoveL p_process, vEmptyMin, fine, tGripper\WObj:=wobj0;
```
!将机器人移至卡盘前
```
        Set do00_ClampAct_2;
```
!置位夹具 2 夹紧到位信号，夹取工件
```
        WaitDI di10_Clamped_2, 1;
```
!等待夹具 2 夹紧到位信号
```
        GripLoad loadFull;
```
!加载载荷数据
```
        MoveL Offs(p_process,0,-40,0), vLoadMin, z10, tGripper\
WObj:=wobj0;
```
!拔出工件
```
        MoveJ Offs(p_process,-700,-40,0), vLoadMax, z50, tGripper\
WObj:=wobj0;
```
!将工件移出机床
```
        MoveJ Offs(p_conveyor_R,0,0,120), vLoadMax, z50, tGripper\
WObj:=wobj0;
```
!将工件移至输送带右边的放置点上方
```
        MoveL p_conveyor_R, vLoadMin, fine, tGripper\WObj:=wobj0;
```
!将工件移至输送带右边的放置点
```
        Reset do00_ClampAct_2;
```
!置位夹具 2 夹紧到位信号，即松开夹具，放置工件
```
        WaitDI di10_Clamped_2, 0;
```
!等待夹具 2 松开到位信号
```
        GripLoad load0;
```
!加载载荷数据
```
        MoveL Offs(p_conveyor_R,0,0,120), vEmptyMin, z50, tGripper\
WObj:=wobj0;
```
!垂直向上将机器人移走
```
        MoveJ p_pro_con_2, vEmptyMax, z50, tGripper;
```
!将机器人移至过渡点 2
```
MoveJ p_home, vEmptyMax, fine, tGripper;
```
!让机器人回到 HOME 点上
```
ENDPROC
PROC rCalPosition()
```
!计算抓取位置程序

> 当机器人经过奇点或是难以通过的点时，可以通过设置过渡点的方式来达到工业上的要求

```
            IF DI_1 = 1 THEN
                p_pick := p_pick11;
            ELSEIF DI_1 = 0 AND DI_2 = 1 THEN
                p_pick := Offs(p_pick11,0,120,0);
            ELSEIF DI_1 = 0 AND DI_2 = 0 AND DI_3 = 1 THEN
                p_pick := Offs(p_pick11,0,240,0);
            ELSEIF DI_1 = 0 AND DI_2 = 0 AND DI_3 = 0 AND DI_4 = 1 THEN
                p_pick := Offs(p_pick11,120,0,0);
            ELSEIF DI_1 = 0 AND DI_2 = 0 AND DI_3 = 0 AND DI_4 = 0 AND
DI_5=1 THEN
                p_pick := Offs(p_pick11,120,120,0);
            ELSEIF DI_1 = 0 AND DI_2 = 0 AND DI_3 = 0 AND DI_4 = 0 AND
DI_5=0 AND DI_6=1 THEN
                p_pick := Offs(p_pick11,120,240,0);
            ELSEIF DI_1 = 0 AND DI_2 = 0 AND DI_3 = 0 AND DI_4 = 0 AND
DI_5=0 AND DI_6=0 AND DI_7=1 THEN
                p_pick := Offs(p_pick11,240,0,0);
            ELSEIF DI_1 = 0 AND DI_2 = 0 AND DI_3 = 0 AND DI_4 = 0 AND
DI_5=0 AND DI_6=0 AND DI_7=0 AND DI_8=1 THEN
                p_pick := Offs(p_pick11,240,120,0);
            ELSEIF DI_1 = 0 AND DI_2 = 0 AND DI_3 = 0 AND DI_4 = 0 AND
DI_5=0 AND DI_6=0 AND DI_7=0 AND DI_8=0 AND DI_9=1 THEN
                p_pick := Offs(p_pick11,240,240,0);
        ELSE
            STOP;
        ENDIF
        ! 利用 IF 判断右边架子上产品的状态，对料盘上的抓取点 p_pick 进行赋值
        ENDPROC
    ENDMODULE
```

四、机器人仓储站的示教

机器人仓储工作站要示教的点主要有 10 个，其中包括 9 个抓取点和 1 个放置点，由于放置的码垛盘上装有 9 个传感器，所以不能进行直接的码垛放置，而是应该对其进行判断后才进行放置，之所以要用如此多的传感器主要是要进行一些特殊的工业技术要求。机器人仓储点位置如图 8-42 所示。

输送带传送来的原料是由传感器进行自动检测的，圆柱体的托盘主要是为了将原料进行位置上的固定，使拾取变得精确，如图 8-43 所示。

五、配置仓储站信号

在虚拟示教器或在离线中进行系统的 I/O 配置，根据项目 7 的配置方式配置一个DSQC 651 通信板卡，仓储工作站 I/O 信号配置表见表 8-7。

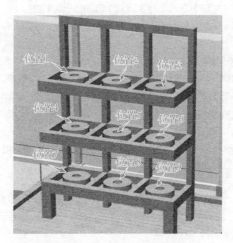

图 8-42　机器人仓储点位置

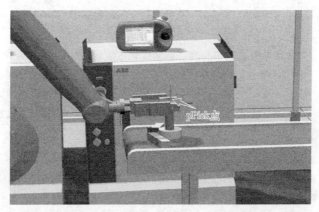

图 8-43　机器人仓储站拾取点示教位置

表 8-7　仓储工作站 I/O 信号配置表

序号	信号名称	含义	单元映射	类型
1	di10_Clamped_1	夹具松开到位信号	10	数字量输入信号
2	di11_Conveyor	输送带到达信号	11	数字量输入信号
3	DI_1 ~ DI_9	仓储点位置信号	1	组输入信号
4	do00_ClampAct_1	机器人夹具夹紧到位信号	0	数字量输出信号

六、机器人仓储站程序

```
MODULE Module1
  CONST robtarget
pHome:=[[601.947666373,0,1065.001177602],[0,0.866025206,0,0.500000342],
[0,0,0,0],[9E9,9E9,9E9,9E9,9E9,9E9]];
  CONST robtarget
```

```
pPick:=[[131.552211144,-764.373174838,516.385904473],[0.503238993,0.496742898,
-0.490015198,0.509786343],[-1,0,-1,0],[9E9,9E9,9E9,9E9,9E9,9E9]];
    CONST robtarget
pPlace:=[[91.685699792,106.506587166,79.245755322],[0.502307858,
-0.497689542,-0.499005507,-0.50098447],[1,0,-1,0],[9E9,9E9,9E9,9E9,9E9,9E9]];
```
! 需要示教的目标点数据，有抓取点 pPick、pHome 与放置点 pPlace
```
    PERS tooldata tGripper:=[TRUE,[[0,0,175],[0,0,0,1]],[1,[0,0,1],[1,0,0,0],0,0,0]];
```
! 定义工具坐标系数据 tGripper
```
    PERS  loaddata  LoadFull:=[0.5,[0,0,3],[1,0,0,0],0,0,0.1];
```
! 定义有效载荷数据 LoadFull
```
TASK PERS wobjdata
WObj_Place:=[FALSE,TRUE,"",[[-245.485,1098.929,671.128],[1,0,0,0]],[[0,0,0],
[1,0,0,0]]];
```
! 定义工件坐标系数据 WObj_Place
```
    PERS num nPallet:=0;
```
! 放置的计数值，对放置的数量进行计数
```
    PERS num nCycleTime:=3.141;
```
! 赋值单节拍时间
```
    PERS robtarget p_Place;
```
! 放置目标点，用于程序中被赋予的值，以实现多点放置
```
    PERS bool  bPalleFull_1:=FALSE;
    PERS bool  bPalleFull_2:=FALSE;
    PERS bool  bPalleFull_3:=FALSE;
    PERS bool  bPalleFull:=FALSE;
```
! 布尔量，动作完成为 TURE, 否则为 FALSE, 相当于 0 和 1
```
VAR clock Timer1;
PERS  speeddata vEmptyMAX:=[5000,500,6000,1000];
```
! 运行空载的最高速度限制，用于多速度选择
```
    PERS  speeddata vEmptyMIN:=[2000,400,6000,1000];
```
! 运行空载的最低速度限制，用于多速度选择
```
    PERS  speeddata vLoadMAX:=[4000,500,6000,1000];
```
! 运行负载的最高速度限制，用于多速度选择
```
    PERS  speeddata vLoadMIN:=[1000,200,6000,1000];
```
! 运行负载的最低速度限制，用于多速度选择
```
    PROC rModPos()
```
! 示教目标点程序
```
    MoveJ pHome,v1000,fine,tGripper\WObj:=wobj0;
```
! 示教 pHome, 在工件坐标系 wobj0 下
```
    MoveJ pPick,v1000,fine,tGripper\WObj:=wobj0;
```
! 示教 pPick, 在工件坐标系 wobj0 下
```
    MoveJ pPlace,v1000,fine,tGripper\WObj:=WObj_Place;
```
! 示教 pPlace, 在工件坐标系 WObj_Place 下
```
ENDPROC
PROC main()
```
! 主程序
```
    rInitAll;
```
! 调用初始化程序

3 个重要定义数据为工具坐标系数据、工件坐标系数据、载荷数据

注意：工业上的时间节拍是很重要的，时间代表着工作效率，一定程度上是反映机器人的一项数据指标

```
WHILE TRUE  DO
  !利用程序WHILE将初始化程序隔开
  rCalPostion;
  !计算位置程序，将放置位置赋值，以便摆放
   WaitDI di11_Conveyor,1;
   !等待程序，对输送带到达信号进行判断
      rPick;
      !调用拾取程序
      rPlase;
      !调用放置程序
      rCount;
      !调用计算程序，进行个数和布尔量的计算
      rWriteCheck;
      !调用写屏程序
   WaitTime 0.2;
   !调用循环等待时间，防止在不满足机器人动作情况下程序扫描过快，造成CPU过负载
   ENDWHILE
ENDPROC
PROC rInitAll()
!初始化程序
   AccSet  100, 100;
   !加速度控制指令
   VelSet 100,5000;
   !速度控制指令执行此程序运行的最大速度是5000mm/s
   Reset do00_ClampAct_1;
   !复位机器人夹具夹紧到位信号
   ClkStop Timer1;
   !停止计时
   ClkReset Timer1;
   !复位时钟
   nPallet:=0;
   !将计算数值赋值为0
   MoveJ  pHome ,vEmptyMAX,fine,tGripper ;
   !机器人位置初始化，将其移动到pHome点
ENDPROC
PROC rCount()
   !计算程序
   Incr nPallet;
   !将其进行加1计算，进行放置计数
   IF DI_1=1 AND DI_2=1 AND DI_3=1 THEN
       bPalleFull_1:=TRUE ;
   ENDIF
   !判断第一层是否放满
   IF DI_4=1 AND DI_5=1 AND DI_6=1 THEN

       bPalleFull_2:=TRUE ;
```

```
        ENDIF
        !判断第二层是否放满

        IF DI_7=1 AND DI_8=1 AND DI_9=1 THEN
            bPalleFull_3:=TRUE;
        ENDIF
        !判断第三层是否放满
        IF DI_1=1 AND DI_2=1 AND DI_3=1 AND DI_7=1 AND DI_8=1 AND DI_9=1
    AND DI_4=1 AND DI_5=1 AND DI_6=1 THEN
            bPalleFull:=TRUE;
            !判断所有的位置是否放满
            MoveJ  pHome,vEmptyMAX,fine,tGripper;
            !放满之后回到pHome
            Stop;
            !放满后停止程序进行
        ENDIF
    ENDPROC
    PROC rPick()
        !拾取程序
        ClkReset Timer1;
        !复位时间
        ClkStart Timer1;
        !开始计时
        MoveJ Offs(pPick,0,0,150),vEmptyMAX ,z50,tGripper \WObj:=wobj0;
        !利用MoveJ移动到拾取点正上方Z轴正方向150mm处
        MoveL pPick,vEmptyMIN,fine ,tGripper \WObj:= wobj0 ;
        !利用MoveJ移动到拾取点
        Set do00_ClampAct_1;
        !置位机器人夹具夹紧到位信号，使其夹住工件
        WaitTime 0.3;
        !等待夹取时间
        GripLoad LoadFull;
        !加载载荷数据LoadFull
        MoveL Offs(pPick,0,0,150),vLoadMIN,z50,tGripper \WObj:=wobj0;
        !利用MoveL移动到拾取点正上方Z轴正方向150mm处
    ENDPROC
    PROC  rPlase()
        !放置程序
        MoveJ Offs(p_Place,0,-110,40),vLoadMAX,z50,tGripper\
WObj:=WObj_Place;
        !利用MoveJ移动到放置点正上方Z轴正方向40mm,Y轴负方向110mm处
        ConfL \Off ;
        !关闭轴配置监控
        MoveL Offs (p_Place,0,0,40),vLoadMIN,fine,tGripper\WObj:=WObj_
Place;
```

！利用 MoveL 移动到放置点正上方 Z 轴正方向 40mm 处

MoveL p_Place,vLoadMIN,fine ,tGripper \WObj:= WObj_Place;

！利用 MoveL 移动到放置点

ReSet do00_ClampAct_1;

！复位机器人夹具夹紧到位信号，使夹具松开

WaitTime 0.3;

！放置等待时间

GripLoad LoadFull;

！加载载荷数据

MoveL Offs(p_Place,0,-110,0),vEmptyMIN,z50,tGripper\WObj:=WObj_Place;

！利用 MoveL 移动到放置点 Y 轴负方向 110mm 处

ClkStop Timer1;

！停止计时

nCycleTime:=ClkRead(Timer1);

！读取时钟值

ENDPROC

PROC　rCalPostion()

！计算位置程序

    IF DI_1=0 THEN
        p_Place:=Offs (pPlace,0,0,398);
    ENDIF
    IF DI_1=1 AND DI_2=0 THEN
    p_Place:=Offs (pPlace,160,0,398);
    ENDIF
    IF DI_1=1 AND DI_2=1 AND DI_3=0 THEN
      p_Place:=Offs (pPlace,320,0,398);
    ENDIF
    IF DI_1=1 AND DI_2=1 AND DI_3=1 AND DI_4=0 THEN
        p_Place:=Offs (pPlace,0,0,199);
    ENDIF
    IF DI_1=1 AND DI_2=1 AND DI_3=1 AND DI_4=1 AND DI_5=0 THEN
     p_Place:=Offs (pPlace,160,0,199);
    ENDIF
    IF DI_1=1 AND DI_2=1 AND DI_3=1 AND DI_4=1 AND DI_5=1 AND DI_6=0 THEN
      p_Place:=Offs (pPlace,320,0,199);
    ENDIF
    IF DI_1=1 AND DI_2=1 AND DI_3=1 AND DI_4=1 AND DI_5=1 AND DI_6=1 AND DI_7=0 THEN
        p_Place:=Offs (pPlace,0,0,0);
    ENDIF

```
        IF  DI_1=1 AND DI_2=1 AND DI_3=1 AND DI_4=1 AND DI_5=1 AND DI_6=1
AND DI_7=1 AND DI_8=0 THEN
            p_Place:=Offs (pPlace,160,0,0);
        ENDIF
        IF DI_1=1 AND DI_2=1 AND DI_3=1 AND DI_4=1 AND DI_5=1 AND DI_6=1
AND DI_7=1 AND DI_8=1 AND DI_9=0 THEN
            p_Place:=Offs (pPlace,320,0,0);
        ENDIF

        !扫描位置 1、位置 2、位置 3、位置 4、位置 5、位置 6、位置 7、位置 8 和位置 9,
```
即判断放置盘是否还有空位可以放置,若符合条件便进行位置赋值
```
    ENDPROC
    PROC rWriteCheck()
    !写屏程序
        TPErase ;
        !示教器清屏
        TPWrite "Running";
        !显示运行
        TPWrite "Cycletime:"\Num:=nCycleTime;
        !运行时间写屏
        TPWrite "nPallet:"\Num:=nPallet;
        !计数写屏
        TPWrite "SC_place the rack_up:"\Bool:=bPalleFull_1;
        TPWrite "SC_place the rack_mid:"\Bool:=bPalleFull_2;
        TPWrite "SC_place the rack_low:"\Bool:=bPalleFull_3;
        !放置盘上中下放置写屏
        TPWrite "SC_place the rack"\Bool:=bPalleFull;
        !放满写屏
    ENDPROC
ENDMODULE
```

> 写屏程序是为了更好地反映机器人的工作状态,更好地进行数据的统计分析

项目实训

一、训练任务

为使学生加深对本项目所学知识的理解,达到培养学生能进行手动操作工业机器人进行工业运用的目的。本项目训练任务采用 IRB460 构建的系统,如图 8-44 所示,请将物料块进行搬运堆叠,要求不能发生碰撞及刮擦,同时保证物料整齐划一,精度要求达到工业标准,运动姿态流畅,节拍要求高(也可以根据自己思路进行创意摆放)。

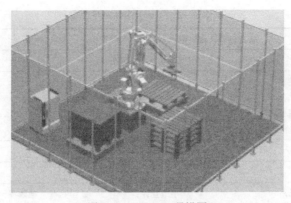

图 8-44　IRB460 码垛图

二、训练内容

请填写表 8-8 工业机器人应用训练任务单，具体任务可以是图 8-44 所示的系统，也可以是自选的机器人系统。

表 8-8　工业机器人应用训练任务单

学习主题		工业机器人应用	
重点难点		重点：仿真软件 RobotStudio 应用，工业机器人虚拟仿真编程 难点：工业机器人虚拟仿真编程	
训练目标	知识能力目标	1）通过学习，掌握工业机器人仿真工作站的布局 2）搭建最小工业机器人仿真系统 3）在工作站环境中用工业机器人虚拟仿真编程	
	素养目标	1）提高解决实际问题的能力，具有一定的专业技术理论 2）养成独立工作的习惯，能够正确制订工作计划 3）培养学生良好的职业素质及团队协作精神	
参考资料学习资源		教材、图书馆相关书籍；课程相关网站；网络检索等	
学生准备		教材、笔、笔记本、练习纸	
工作任务	任务步骤	任务内容	任务实现描述
	明确任务	提出任务	
	分析过程 （学生借助于参考资料、教材和教师提出的引导问题，自己做一个工作计划，并拟定出检查、评价工作成果的标准要求）	工业机器人编程的基本结构	
		写出编程中写屏的具体作用	
		分点依次写出基本的例行程序的相关作用	
		描述机器人类型选择的依据	
		编程时应考虑的程序数据要求	
		描述码垛的基本要求	

三、训练评价

请在表 8-9 教学检查与考核评价表里进行学生自评、小组互评和教师评价。

表 8-9 教学检查与考核评价表

检查项目	检查结果及改进措施	分值	学生自评	小组互评	教师评价
练习结果的正确性		20分			
知识点的掌握情况（应侧重掌握工业机器人仿真工作站的布局、工业机器人虚拟仿真编程、搭建工业机器人仿真系统）		40分			
能力控制点检查		20分			
课外任务完成情况		20分			
综合评价	学生自评：		小组互评：		教师评价：

项目总结

工业上的时间节拍是很重要的，时间代表着工作效率，一定程度上是反映机器人的一项数据指标。

写屏程序是为了更好地反映机器人的工作状态，更好地进行数据的统计分析。

当机器人经过奇点或是难以通过的点时，可以通过设置过渡点的方式来达到工业上的要求。

物料块进行搬运堆叠时，要求不能发生碰撞及刮擦，同时保证物料整齐划一，精度要求达到工业标准，运动姿态流畅，节拍要求高。

 思考与习题

8-1 选择题

（1）ABB 工业机器人例行程序有（   ）种类型。

A. 1   B. 2   C. 3   D. 4

（2）为使姿态更加合理，避免碰撞和奇点而设置的点称为（   ）。

A. 难点   B. 奇点

C. 过度点   D. 过渡点（中间点）

（3）对于指令" MoveJ phome,v3000,fine,ToolFrame\WObj:=wobj0;"，在经过初始化指令"VelSet 50,2000"后，下列说法正确的是（   ）。

A. 机器人速度为 3000 mm/s

B. 机器人速度为 2000 mm/s

C. 机器人速度为 1500 mm/s

D. 机器人速度为 50 mm/s

（4）对于指令"speeddata vLoad:=［3000,500,6000,1000］;"，在经过初始化指令"VelSet 50,2000"后，下列说法正确的是（   ）。

A. 机器人速度为 3000mm/s 　　　　　　B. 机器人速度为 1500mm/s

C. 机器人速度为 6000mm/s 　　　　　　D. 机器人速度为 500mm/s

（5）对 ConfJ 轴监控开关，下列说法错误的是（　　　）。

A. 用来指定在关节运动过程中是否严格遵循程序中已设定的轴配置参数

B. 选择 ConfJ\Off，机器人通常不能运动到最接近的轴配置

C. 选择 ConfJ\On（或者没有选择项目），如果不能使用程序中的位置和方向，在运动开始之前程序执行就停止

D. 选择 ConfJ\Off，应用在对位置、方向、轴配置不高的场合

8-2　编程机器人程序的方式有哪几种？

8-3　ABB 工业机器人例行程序有哪几种类型？

8-4　机器人程序的主体结构是什么？

8-5　写屏程序的主要作用是什么？

8-6　如何处理节拍过快带来的危害，它与载荷的设置又有什么关系？

参 考 文 献

［1］叶晖，等.工业机器人实操与应用技巧［M］.2 版.北京：机械工业出版社，2017.

［2］叶晖，等.工业机器人工程应用虚拟仿真教程［M］.2 版.北京：机械工业出版社，2021.

［3］叶晖.工业机器人典型应用案例精析［M］.2 版.北京：机械工业出版社，2022.

［4］胡伟，等.工业机器人行业应用实训教程［M］.北京：机械工业出版社，2015.